공학은 언제나
여기 있어

오늘과 내일을 연결하는 놀라운 공학 이야기

공학은 언제나 여기 있어

초판 1쇄 펴낸날 2022년 7월 18일
초판 3쇄 펴낸날 2024년 7월 2일

지은이　박재용
펴낸이　홍지연

편집　홍소연 이태화 김선아 김영은 차소영 서경민
디자인　이정화 박태연 박해연 정든해
마케팅　강점원 최은 신종연 김가영 김동휘
경영지원　정상희 여주현

펴낸곳　(주)우리학교
출판등록　제313-2009-26호(2009년 1월 5일)
제조국　대한민국
주소　04029 서울시 마포구 동교로12안길 8
전화　02-6012-6094
팩스　02-6012-6092
홈페이지　www.woorischool.co.kr
이메일　woorischool@naver.com

ⓒ박재용, 2022
ISBN 979-11-6755-060-6 43500

만든 사람들
편집　　　　김지현
디자인　　　책은우주다
본문 일러스트　조선진

공학은 언제나 여기있어

오늘과 내일을 연결하는
놀라운 공학 이야기 **박재용** 지음

우리학교

공학으로 세상을 바라보고 내일을 꿈꾸고 싶다면

흔히 20세기 이후 과학의 발달은 우리 삶을 완전히 바꿔 놓았다고들 합니다. 그런데 엄밀히 따지자면 우리 삶이 바뀐 것은 과학과 삶 사이에 '공학'이 있었기 때문입니다.

화면이 접히고 돌돌 말리는 스마트폰, 스스로 움직이는 자율 주행 자동차, 1년 만에 개발된 코로나19 백신, 매일같이 발사되는 인공위성, 앞에 서면 자동으로 체온을 재는 적외선 탐지기 등……. 이 모든 게 과학을 기반으로 하지만 다양한 기술을 개발하고 설계하고 제작하는 공학이 아니었다면, 우리 일상으로 들어오지 못했을 것입니다.

한편 공학의 발달이 사람과 사회를 행복하게만 하는 것은 아닙니다. 초소형 카메라로 남의 신체를 함부로 촬영하는 범죄에 사용되기도 하고, 수많은 희생자를 낳는 원자 폭탄 같은 전쟁 무기를 만드는 데 쓰이기도 합니다. 키오스크 도입으로 식당에서 일하는 사람들이 일자리를 잃는 현실도 기술 발달의 이면을 들여다보게 하지요. 반면에 CCTV가 활발히 설치되자 이전보다 범죄 해결이 수월해졌고, 스마트 밴드처럼 건강 관리를 돕는 기기를 쉽게 구할 수 있게 되었습니다. 공학 기술로 새로운 상품이 만들어지면서 또 다른 일자리가 생겨나기도 하고요.

세상 많은 일이 그러하듯 공학의 발달은 그 자체로는 선도 악도 아닙니다. 이를 활용해 좀 더 행복한 세상을 위한 정책과 대안을 세우고 실천해 가는 일이 중요할 뿐이죠. 하지만 아직 현실적으로 미흡한 부분이 많습니다.

현대 공학은 기업의 요구와 연구에 크게 좌우됩니다. 그런데 기업은 대개 이윤을 추구하다 보니, 사회에 꼭 필요하지만 시장성이 낮은 부분에는 잘 투자하지 않습니다. 정부에서 예산을 짜는 등 나름 노력하는데도 공적 분야는 투자나 연구가 활발히 이루어지지 않지요. 이러한 현실을 개선하려면, 좀 더 많은 사람이 공학의 의미와 영향에 관심을 기울여야 합니다.

여러분은 공학이 세상에 미치는 영향에 얼마나 관심이 있나요? 꼭 공학도를 꿈꾸는 사람만이 공학을 알아야 하는 것은 아닙니다. 앞서 이야기했듯이 공학은 이미 우리 일상에 스며들어와 있으니까요. 그렇기에 공학을 이해하는 것은 우리 삶을 이해하는 일이기도 합니다. 또 10~20년 뒤의 세상에서 공학은 어떤 모습을 하고 있을까요? 이 책은 공학의 어제와 오늘을 짚어본 뒤, 미래 공학 중 가장 기대되는 '모빌리티' '에너지' '스마트 시티' 그리고 모든 공학의 바탕이 될 '인공 지능' '빅 데이터' '사물 인터넷'의 미래를 다룹니다.

공학과 함께 여러분의 일상을 새롭게 들여다보고 싶다면, 다양하게 융합되는 미래를 꿈꾸고 있다면 공학의 오늘과 내일을 오가며 세상을 탐색하는 이 여정에 함께하기를 바랍니다.

차례

1

공학×인류

인류와 공학의 만남

인류의 선조가 처음 열대 우림을 벗어나 초원에 나섰을 때, 손에는 돌이나 나무 막대를 쥐고 있었습니다. 도망칠 곳도 없는 초원에서 사자나 하이에나들이 덤벼들 때마다 돌을 던지고 나뭇가지를 휘두르며 싸워야 했으니까요. 처음에는 아무 돌이나 들고, 손에 잡히는 대로 아무 나뭇가지를 휘둘렀겠지요. 하지만 시간이 지나면서 앞이 뾰족하고 손에 잡기 편한 돌이, 길이가 적당하고 무게감이 어느 정도 있는 단단한 나무가 싸우기에 유리하다는 걸 깨달았어요. 그래서 단단하고 날카로운 돌로 다른 돌에 날을 만들고, 나무 막대도 깎았습니다. 이렇게 기존에 사용

• 옛사람들이 도구를 사용했다는 사실을 보여 주는 선사 시대 암각화 •

하던 도구를 목적에 맞게 개량하는 일이 공학의 시작이라고 볼 수 있습니다.

그 뒤로 사람들은 집을 짓고, 밭을 갈고, 옷을 지어 입고, 각종 세간살이를 만들었습니다. 어떤 사람들은 쇠로 낫과 쟁기를 만들거나 수차로 물을 길어 올리거나 베틀을 만들어 옷감을 짜는 방법을 개발했지요. 당시 이들은 공학자라고 불리지는 않았지만 남다른 지식과 기술로 생활을 편리하게 만들었습니다.

알고 보면 공학자, 장인과 마이스터

문명이 점점 발전하면서 성이나 다리 같은 대규모 건축물을 만들고 각종 전쟁 무기도 개발하는 등 특별한 지식을 쌓고 훈련을 한 사람들이 나타납니다. 지금이라면 이들을 토목공학자, 건축공학자, 도시공학자, 무기공학자로 불렀을 거예요. 하지만 아직 공학이란 말이 없던 시절, 이들은 우리나라에서는 '장인匠人' 유럽에서는 '마이스터Meister'로 불렸지요. 그중에는 기술을 더 파고들어 이면에 있는 원리를 찾아낸 이들도 있습니다. 고대 그리스의 아르키메데스가 대표적인 인물이지요. 그는 부력의 원리를 발견하고, 수학적 계산을 통해 기중기를 개량했으며, 반사경으로 태양광을 모아 불을 지피기도 했습니다. 같은 시대에 살았던 수학자이자 기술자인 헤론은 최초로 증기 기관을 발명했고요. 우리나라에선 고려 말기의 장군 최무선이 화약을 개량하고, 조선의 학자 장영실이 물시계와 해시계, 금속 활자 등의 개발에 참여했습니다. 모두 시대를 앞선 공학자들이었지요.

그렇다면 공학이란 무엇일까요? 누군가는 공학을 "기술적 문제를 발견하고 해결책을 제시하는 학문"이라고 하고 어떤 이는 "과학적으로 조직된 지식을 현실적인 문제 해결에 체계적으로 적용하는 것"이라고 합니다. 또 "과학은 연구를 통해 문제를 발견하는 학문"이고 "공학은 개발을 통해 문제를 해결하는 학문"이라고도 구분하지요.

하지만 공학 또한 문제를 발견합니다. 실제 제품을 생산하는 과정에서 발생하는 다양한 문제를 찾고 그 해결책을 만드는 일도 공학의 역할이니까요. 제품 생산 속도를 좀 더 빠르게 하기 위해선 어떻게 할지, 불량품 개수를 줄이려면 어떻게 할지, 노동자들이 안전하게 일하기 위해 공정을 어떻게 개선할지 등의 과정이 모두 공학의 영역입니다.

또 공학은 단순히 기술적·과학적 문제에만 머물지 않습니다. 사람들의 삶의 질을 높이기 위한 고민 역시 일부는 공학의 몫이에요. 교통사고를 줄이기 위해 도로 표지판을 개선하고, 교통 신호 체계를 보다 안전하게 바꾸고, 쾌적한 도시를 만들기 위해 노력하는 등 공학의 영역은 다양합니다. 공학은 결국 과학 지식을 기반으로 사물을 이해하지만, 다양한 삶 속에 발생하는 경제적·사회적·기술적 문제를 파악하고 이를 해결하는 방법을 찾는 학문이라고 볼 수 있습니다.

문명을 앞당긴 히어로, 엔지니어들

애초에 공학이란 말은 유럽 군대에서 시작되었습니다. 전쟁에서 참호를 설계하고 각종 무기를 만드는 이들을 공학자Engineer라고 불렀지요. 한편 영국을 중심으로 일어난 산업 혁명과 함께

도시가 급속히 확장되기 시작합니다. 도로나 철도의 건설도 활발해졌지요. 그러면서 토목과 건축이 발달하고 군대의 '엔지니어'란 용어가 사회에서도 흔히 쓰이기 시작했어요. 민간 영역에서 토목 공사나 건축을 하는 사람들을 토목공학자^Civil Engineer라고 부르게 된 것은 18세기 무렵의 일이었지요.

이 시기의 공학자라고 하면 토목 공사를 하거나 건물을 설계하고 감독하는 이들과 여러 종류의 기계를 만드는 이들 정도가 다였어요. 물론 그 외 영역에서도 공학이라 부를 만한 일을 하는 이들이 있었지만요.

이때까지만 하더라도 공학은 과학과 별 연관이 없었습니다. 18세기 후반 증기 기관도 과학자가 아니라 기술자들이 경험을 바탕으로 발명했고, 각종 건축물의 설계와 시공도 아이작 뉴턴의 물리학이 아닌 기술자들의 경험에 여러 시도를 더해 이루어졌습니다. 새로운 염료나 약을 개발하는 일도 마찬가지였어요. 화학의 도움보다는 연금술사들이나 염료 장인들이 해 왔던 경험에 의존했지요. 즉, 과학과 공학은 19세기 이전까지는 서로 다른 흐름과 영역에서 존재해 왔습니다.

19세기 들어 산업이 발전하면서 여러 분야에서 새로운 기술을 개발하고 이를 산업 현장에 적용하는 사람이 더 필요해졌어요. 그러자 이들을 가르치는 전문 양성 기관이 생겨납니다. 공학이 본격적으로 발달하기 시작한 것도 이 시기였지요. 이전의 대학에서는 공학을 가르치지 않았기 때문에 공학을 전문적으로 가르치는 새로운 학교들이 세워졌습니다. 이런 전통에 따라 현대의 대학교도 과학을 연구하는 자연대 혹은 이과대와 공학을 연구하는 공과대가 별도로 있는 곳이 많지요.

　18세기부터 과학이 눈부시게 발달하고 19세기 들어 그 성과를 공학에 적용하면서 점차 공학과 과학이 가까워집니다. 앞서 이야기한 기계공학, 건축공학, 토목공학 외에도 화학 비료나 화약, 석유로 필요한 물건을 만들고 각종 염료를 개발하는 등의 화학공학, 다양한 품종의 작물과 가축을 육종하는 생명공학, 전

▪ 현대 공학의 발전에 핵심적인 역할을 한 미국 매사추세츠 공과대학교(MIT) ▪

기를 통해 모터를 돌리거나 전등을 켜고 발전기 등을 만드는 전기공학, 다양한 소재를 개발해 제품에 적용하는 재료공학 등이 이 시기에 등장합니다.

오늘날 공학은 …

그리고 20세기가 되었습니다. 여러 산업이 더 크고 빠르게 발전하고, 사회가 복잡해지면서 공학이 다뤄야 할 영역도 훨씬 확장되었어요. 산업 영역이 다양해지면서 공학 역시 세분화되었지요. 이전에는 하나의 분야였던 생명공학은 유전공학, 미생물공학, 배양공학 등으로 갈라집니다. 전기전자공학도 반도체공학, 디스플레이공학, 제어공학, 레이더공학, 광통신공학 등으로 나뉘고요. 화학공학도 예외가 아니죠. 신소재공학, 공정공학, 전기화학공학, 석유공학 등으로 세분화됐습니다.

산업에 따라 여러 분야의 공학이 서로 협력하는 경우도 늘었습니다. 하나의 공학만으로 이루어진 산업이 오히려 드물다고 봐야겠지요. 자동차 산업만 하더라도 기계공학, 재료공학, 인체공학, 전기전자공학 등의 분야가 하나의 자동차를 설계하고 만드는 데 기여하니까요. 건물을 만드는 일도 예전에는 토목공학이나 건축공학의 일로만 여겼는데, 이제는 전기전자공학이나 환경공학의 도움을 필요로 합니다.

20세기 후반에 급격히 성장한 분야로는 컴퓨터공학이 있습니다. 처음에는 수학과나 응용수학과의 한 분야였지만 컴퓨터 산업이 발전함에 따라 분리된 것이죠. 컴퓨터공학과는 수학 외에 컴퓨터과학이나 전자공학과도 여러 분야에서 겹칩니다. 최근에는 환경공학도 중요해졌습니다. 예전에는 환경공학이라는 분야가 존재하지 않았지만 산업이나 제품이 환경에 미치는 영향이 중요해지자 이를 연구하는 분야가 만들어진 것이죠.

20세기 후반이 되자 공학은 생활 곳곳에 걸쳐 자신의 이름을 내세웁니다. 전통적인 공학뿐만 아니라 많은 것이 공학의 성격을 띨 수 있어요. 인체공학적 디자인, 선거공학, 디자인공학 등 이전이라면 공학의 범주라고 생각하지 않았던 분야에도 공학이라는 말이 붙으니까요.

현대 산업에서 대표적인 공학 분야라고 하면 건설공학, 화학공학, 기계공학, 컴퓨터공학, 전기전자공학, 생명공학을 꼽을 수 있습니다. 물론 세부적으로 들어가면 더 많은 분야가 있고 이 외에도 다양한 분야의 공학이 존재하지만, 이들이 모든 제품과 서비스 설계의 기초가 되기 때문이지요. 그래서 관련 학과가 대부분의 대학교에 개설되어 있습니다.

2

모빌리티 × 미래

미래 님, 모빌리티 38-M 탑승을 환영합니다

2022년 과학재단의 후원과 촉망을 받던 김미래 학생은 2040년 한국자동차 남양주 연구소에서 인공 지능을 연구하는 연구원이자 소프트웨어 엔지니어가 되었습니다. 한국자동차는 그가 오래전부터 가고 싶어 하던 곳이었는데요. 현장 학습으로 방문해서 셔틀버스의 음성 안내를 들으며 돌아봤던 기억이 생생합니다. 지금은 조금 달라졌어요. 미래에게 자동차가 생긴 것이지요. 엄밀히 말하면 미래만의 자동차는 아니지만요.

아침 7시에 눈을 뜬 미래는 출근 준비와 식사를 마치고 8시에 집 앞으로 나갑니다. 출퇴근용으로 이용하는 '아라 40'이라는 소형차가 밖에서 기다리고 있습니다. 미래에겐 자신만의 차나 다름없습니다. 앞문 손잡이에 손목을 대어 정맥으로 본인 인증을 하고 차에 탑니다.

인공 지능이 인사합니다.

"안녕하세요, 미래 님? 오늘도 연구소로 가세요?"

"응."

"그럼 출발하겠습니다."

미래가 탄 차는 2020년대와는 사뭇 다릅니다. 1인 출퇴근용으로 만들어진 차량의 내부에는 미래가 앉을 좌석과 그 앞의 테이블이 전부입니다. 미래는 오른손 검지 지문으로 테이블 모니터에 로그인합니다. 그리고 남양주까지 40분의 이동 시간 동안 몇 가지 일을 처리합니다. 이번 여름 휴가지로 일본 북해도를 고르고, 왕복 비행기 티켓을 예매하고, 현지에서 타고 다닐 캠핑카도 예약했습니다. 캠핑카로 돌아볼 여행지도 몇 군데 선택합니다.

그사이 차는 아파트 단지를 나와 이면 도로를 지난 뒤 자율 주행 자동차 전용 도로를 타고 연구소로 향합니다. 차에서는 소음이 거의 들리지 않아요. 엔진이 없기 때문이죠. 대신 전기로 움직이는 모터가 조용히 작동할 뿐입니다. 미래가 선택한 음악 소리만 차 안을 채우고 있습니다.

연구소에 도착한 미래가 내리자 차는 알아서 다음 고객이 기다리는 곳으로 갑니다. 이 차는 미래의 소유가 아닙니다. 미래는 그저 월요일부터 금요일까지 출퇴근 시간대와 타고 다닐 차 모델을 선택하고, 그에 따른 비용만 월 단위로 지불할 뿐이죠. 자동차를 살 때 드는 돈과 유지 및 관리비를 생각하면 이렇게 자동차를 빌려 쓰는 편이 훨씬 저렴하기 때문입니다. 더구나 주차장을 이용하지 않으니 아파트 관리비도 줄어들고, 정부에서 차량을 소유한 이들에게 부과하는 세금도 내지 않습니다.

주말이 되자 미래는 새로운 침대와 가구를 사기로 합니다. 이번에는 1톤 트럭을 부릅니다. 예전에는 1톤 트럭(수동)을 몰려면 1종 보통 면허가 필요했지만, 자율 주행 차에는 2종 혹은 원동기 면허도 필요 없죠. 미래도 면허가 없습니다. 미리 목적지로 입력해 둔 가구 단지로 가서 침대와 화장대를 고른 후 트럭에 실어 달라고 합니다. 배달도 가능하지만 배달비가 따로 청구되니까요. 대신 지역 커뮤니티 앱에서 침대와 가구를 날라 줄 사람 둘을 각각 3만 원씩 주는 조건으로 구했습니다.

오후에는 집 안 정리를 마치고 광화문으로 친구를 만나러 갑니다. 광화문 주변은 이제 대중교통 외 차량은 통행금지여서 버스를 타기로 합니다. 버스 정류장까지 자율 주행 오토바이를 불러서 갈 수도 있지만, 운동 삼아 조금 걷기로 합니다. 잠시 뒤 두 대의 차량이 연결된 버스가 도착했습니다. 버스는 안면 인식 시스템을 통해 미래를 확인하고 자동으로 요금을 처리합니다. 기사는 없지만 버스 안에는 장애인과 노약자를 위해 근무하는 관리원이 타고 있습니다.

자동차, 어디까지 타 봤니?

자동차의 미래를 상상해 보았으니 이제 과거로 돌아가 볼까요? 지금으로부터 200년 전, 미국 동부에 위치한 수도 워싱턴에서 4천 킬로미터 이상 떨어진 서부 끝의 로스앤젤레스로 가려면 두 가지 방법뿐이었습니다. 걷거나 말을 타고 가야 했지요. 걸어서 미국을 가로지르는 건 엄두도 나지 않으니 대부분 말을 직접 몰거나 마차를 탔습니다. 미국 대륙을 가로질러 가는 데 대략 보름 정도가 걸렸다고 합니다.

19세기에 대륙 횡단 철도가 등장하면서 상황이 달라졌습니다. 당시에는 증기 기관차였는데, 일주일 정도면 대륙 끝에 닿을 수 있었다고 해요. 하지만 로스앤젤레스역에 내려 다시 목적지까지 가기 위해선 또 걷거나 마차를 타고 가야 했습니다.

19세기 말이 되자 상황이 또 바뀌었습니다. 자동차가 등장한 것이지요. 자동차와 마차의 가장 큰 차이점은 이동에 드는 힘을 어떻게 얻느냐는 것입니다. 마차는 당연히 말의 힘으로, 자동차는 석유를 연소시킨 힘으로 움직입니다. 이후 자동차는 열차와

• 석탄을 연료로 하는 센트럴 퍼시픽 사의 증기 기관차(1869) •

더불어 육상 이동에서 가장 중요한 수단이 되었습니다.

지금도 마찬가지예요. 그런데 이 자동차에 커다란 변화가 일
어나고 있습니다. 하나는 자동차의 동력이 석유에서 전기로 바
뀐 것이고, 다른 하나는 사람이 직접 운전하지 않아도 자동차가
알아서 가는 자율 주행이 이루어졌다는 것입니다. 이 두 가지

• 19세기에 처음 등장한 내연 기관 자동차 •

변화를 알아보기 전에 내부에서 연료를 연소시키는 기존 자동차가 어떤 원리로 움직이는지 한번 살펴보도록 하죠.

자동차를 구성하는 주요 장치들

자동차는 3만 개의 부품을 조립해서 만듭니다. 어마어마하게 많은 부품이 들어가지요. 이런 부품들이 모여 만들어진 자동차는 크게 차체와 차대로 나뉩니다. 차체는 우리가 보는 차의 뼈대라고 할 수 있지요. 그리고 차대는 차를 달리게 하는 장치가 모여 있는 부분입니다.

먼저 자동차에서 가장 중요한 부분인 동력 전달 장치를 살펴봅시다. 파워 트레인Power Train이라고 부르기도 하는 동력 전달 장치는 크게 두 부분으로 나뉩니다. 하나는 엔진이고 다른 하나는 변속기지요. 하나씩 차근차근 알아봅시다.

먼저 엔진입니다. 엔진은 속이 빈 둥근 원기둥 모양의 통(실린더) 안에 피스톤이 들어간 형태입니다. 35쪽 상단 그림의 첫 번

째처럼 피스톤이 아래로 살짝 내려가면 왼쪽 위에서 그사이 빈 공간에 연료를 스프레이처럼 분사하고 오른쪽 위에서 공기가 들어옵니다. 두 번째 그림처럼 피스톤이 올라가면서 연료와 공기가 압축되고, 세 번째에서는 점화 플러그에 불꽃이 튀면서 연료가 폭발하지요. 폭발한 힘으로 실린더가 내려가면, 마지막으로 폭발 후 남은 가스가 바깥으로 빠져나갑니다. 이렇게 네 단계를 거치기 때문에 '4행정 엔진Four-Stroke-Cycle Engine'이라고 하는데 현재 자동차에 쓰이고 있습니다.

그리고 이런 피스톤의 아래위로 움직이는 왕복 운동을 아래 그림의 크랭크축(크랭크샤프트)이 회전 운동으로 바꿔 줍니다. 자동차 안에는 이런 엔진이 보통 네 개에서 여섯 개 정도 나란히 놓여 있지요. 엔진들은 그림에서 보듯 크랭크샤프트라는 곳에 한데 연결되어 있습니다. 엔진들의 회전 운동은 크랭크샤프트를 통해 변속기로 전달됩니다.

변속기는 이 회전 운동을 바퀴에 전달하지요. 이때 기어를 어디에 놓는가에 따라 변속기가 전달하는 회전 운동의 빠르기가 변합니다. 보통 자전거를 탈 때 오르막에서는 기어를 낮추죠. 그럼 속도는 느리지만 힘이 바퀴에 크게 전달되어 오르막길을 오

점화 플러그

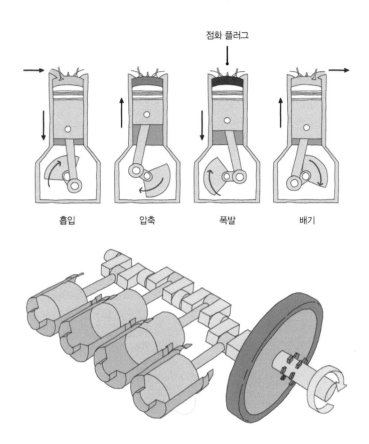

흡입   압축   폭발   배기

▪ 4행정 엔진(위)과 크랭크샤프트(아래) ▪

르기가 쉬워집니다. 반대로 평탄한 자전거 도로를 갈 때는 기어를 올려 속도를 높이죠. 같은 장치가 자동차에선 변속기가 되는 것입니다.

변속기에는 서로 맞물려 돌아가는 톱니바퀴가 있습니다. 이때 힘을 전달하는 톱니바퀴에 물린 다른 톱니바퀴의 크기에 따라 속도가 달라집니다. 맞물린 톱니바퀴가 원래 톱니바퀴의 절반 크기면 큰 톱니바퀴가 한 번 돌 때 두 번 도니 회전 속도가 두 배가 됩니다. 반면 두 톱니바퀴의 크기가 같으면 회전 속도는 원래의 빠르기를 유지하지요. 맞물린 톱니바퀴가 힘을 전달하는 톱니바퀴의 두 배 크기면 회전 속도는 반으로 줄어듭니다. 기본 원리는 자전거와 같아요.

현재 이런 기어로 속도를 변환하는 차는 대부분 대형 트럭입니다. 일반 승용차는 자동 변속기(오토미션)라고 해서 오일을 이용해 자동으로 속도를 조절하는 장치를 주로 쓰고요. 그래도 기본 원리는 기어를 사용하는 것과 같습니다.

이 장치만으로 자동차가 달릴 수는 있지만 필요한 장치가 몇 가지 더 있습니다. 먼저 차를 세울 때 브레이크를 밟아야 하겠지요? 그럼 브레이크 드럼이 타이어가 움직이는 걸 막아 줍니

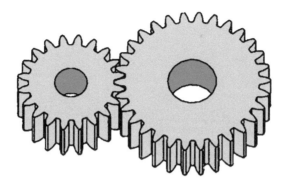

• 기어의 기본 구조(위)와 기어 박스 단면(아래) •

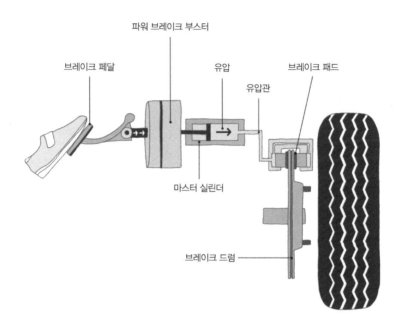

파워 브레이크 부스터

브레이크 페달

유압

브레이크 패드

유압관

마스터 실린더

브레이크 드럼

• 제동 장치(유압식) •

다. 이 장치를 '제동 장치'라고 해요.

그리고 방향을 바꿀 때마다 핸들을 돌립니다. 핸들과 연결된 장치가 차의 앞바퀴 방향을 바꾸죠. 이 장치를 '조향 장치'라고 합니다. 엔진과 변속기, 제동 장치와 조향 장치, 이렇게 네 개의 장치가 있으면 차를 움직이고 세우는 데는 문제가 없습니다.

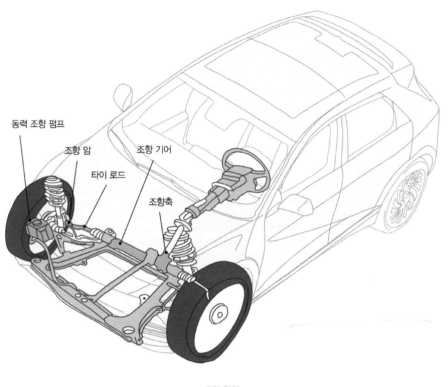

동력 조향 펌프

조향 암

타이 로드

조향 기어

조향축

• 조향 장치 •

여기에 중요한 장치가 몇 가지 더 있습니다. 4행정 엔진에서 계속 연료가 타면서 폭발이 일어나니 뜨거워지겠죠? 계속 뜨거워지면 엔진이 실제로 폭발할 수도 있습니다. 그래서 냉각수가

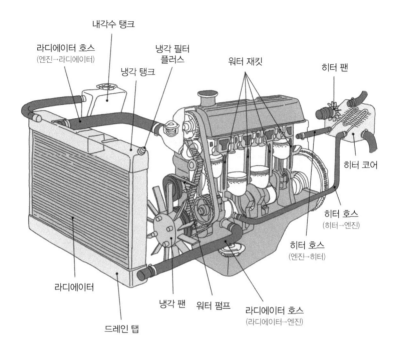

라디에이터 호스
(엔진→라디에이터)

내각수 탱크

냉각 탱크

냉각 필터
플러스

워터 재킷

히터 팬

히터 코어

히터 호스
(히터→엔진)

히터 호스
(엔진→히터)

라디에이터

드레인 탭

냉각 팬

워터 펌프

라디에이터 호스
(라디에이터→엔진)

• 냉각 장치 •

엔진 주위를 돌며 차갑게 식혀야 합니다. 엔진을 식히면서 뜨거워진 냉각수를 차 앞쪽의 라디에이터로 들어오는 바람이 다시 식혀 주죠. 이를 '냉각 장치'라고 합니다.

자전거를 한참 타다 보면 엉덩이가 아프죠. 물론 안장이 좋으면 조금 덜하지만 아픔을 완전히 덜어 주지는 못합니다. 타이어가 지면을 구르면서 생긴 진동이 안장에 전해져 자꾸 엉덩이와 안장을 부딪치게 하기 때문이죠. 하지만 차를 탈 땐 엉덩이가 그리 아프지 않습니다. 차의 '현가장치'가 진동을 흡수해 주기 때문이지요.

또 연료(경유, 휘발유, 천연가스)가 탈 때 만들어진 배기가스에는 사람에게 해로운 물질이 많이 들어 있는데요. 차 밖으로 내놓기 전에 이를 걸러야 하지요. '에어 필터'가 이 역할을 맡습니다. 환경에 해로운 기체들도 없애야 하니 '촉매 변환기'도 추가됩니다. 또 배기가스는 압력이 높아 그대로 나가면 굉장히 커다란 소리가 납니다. 압력을 낮춰 줘야 하지요. 이런 배기 가스와 관련된 여러 일을 하는 부분을 '배기 장치'라고 합니다.

이렇게 냉각 장치, 현가장치, 배기 장치 그리고 연료를 저장했다가 엔진으로 공급하는 연료 저장 장치도 동력 전달 장치와 함께 오늘날 자동차에 없어서는 안 될 요소입니다.

그 외 차에 탄 승객의 안전을 책임지는 에어백과 안전띠도 있고, 에어컨이나 시거 잭, 라디오, 위성 항법 시스템[GPS] 등 다양한 전자 장치도 필수가 되었습니다.

기후 위기의 또 다른 해결사, 전기 자동차

전기 자동차는 20세기 초에도 잠깐 등장했습니다. 하지만 당시 배터리는 차가 도심지 한 바퀴 도는 것도 힘들 만큼 용량이 작았던 터라 별 주목을 받지 못하고 사라졌습니다. 이후에도 전기로 가는 자동차에 대한 연구는 이어졌지만 항상 배터리 용량이 문제였습니다. 그러다 21세기 들어 배터리 기술이 크게 발전하면서 드디어 전기로 움직이는 자동차가 현실에 등장했습니다.

앞으로 10년 정도 지나면 내연 기관 자동차 대신 전기 자동차가 대세가 될 전망입니다. 대부분의 나라에서 내연 기관 자동차를 규제하며 전기 자동차를 장려하고 있고, 세계적인 자동차 회사들도 모두 몇 년 뒤면 전기 자동차만 만들겠다는 계획을 발표하고 있으니 말이지요.

그런데 왜 이들은 내연 기관 자동차 대신 전기 자동차를 장려하는 걸까요? 가장 큰 이유는 기후 위기 때문입니다. 250년 전 18세기 후반 산업 혁명 이래로 인류가 석탄이나 석유 등의 화석 연료를 지나치게 소비했고, 그에 따라 이산화탄소 농도가 높아지자 지구 전체의 대기권 온도가 올라가고 있지요. 전 세계적으로 심각한 문제라서 모두 2050년까지 이산화탄소 배출량을 제로로 만들자는 데 동의하며 노력하고 있습니다.

전기 자동차도 그 노력 중 하나입니다. 자동차가 휘발유를 연료로 쓰면서 내놓는 이산화탄소가 전체 발생량의 약 15퍼센트를 차지하니까요. 휘발유 대신 전기로 가는 차를 만들자는 것이지요.

전기 자동차의 원리를 한번 살펴볼까요? 전기 자동차는 앞서 살펴봤던 내연 기관 자동차의 엔진 대신 배터리에 저장된 에너지로 모터를 돌립니다. 모터가 돌면 연결된 자동차 바퀴가 도는데요. 여러 개의 엔진과 크랭크샤프트, 그보다 더 복잡한 변속기가 필요 없는 간단한 구조입니다. 내연 기관의 동력 전달 장치가 160여 개 부품으로 이루어진 데 비해 전기 자동차의 동력 전달 장치는 부품 수가 35여 개밖에 되지 않습니다.

게다가 모터나 배터리는 엔진만큼 온도가 올라가지 않기 때문에 냉각수 순환 장치도 필요하지 않습니다. 팬으로 바람을 만들어 식히는 정도면 충분하지요. 거기다 연료를 태우지 않으

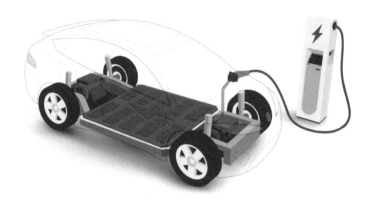

• 전기 자동차와 충전소 •

니 배기가스도 발생하지 않고요. 그래서 배기 장치도 필요없습니다.

전기 자동차의 장점은 또 있습니다. 바로 소음과 진동이 크게 줄어든다는 점인데요. 소음과 진동은 대부분 엔진과 배기 장치에서 발생합니다. 그런데 전기 자동차는 이 두 개가 아예 없습니다. 그래서 포장 상태가 좋은 평평한 도로를 달릴 때는 소음을 거의 느낄 수 없는 수준이죠. 소음 및 진동을 방지하는 장치가 필요 없으니 자동차 구조가 단순해질 수밖에요.

• 여러 개의 배터리 모듈이 연결되어 만들어지는 전기 자동차 배터리 팩 •

전기 자동차의 핵심인 배터리를 조금 더 알아볼까요. 배터리의 기본 단위는 배터리 '셀'입니다. 휴대폰에 들어 있는 배터리와 비슷한 구조입니다. 이 배터리 셀을 여러 개 묶어 배터리 '모듈'을 만듭니다. 그리고 다시 배터리 모듈 여러 개를 이어서 배터리 '팩'을 만들죠. 전기 자동차에는 이 배터리 팩이 장착됩니다.

그렇다고 배터리 팩이 배터리 셀을 그저 모아 놓기만 한 것은 아닙니다. 전기 자동차가 움직이기 위해서는 한 번에 엄청나게 많은 전기 에너지가 공급되어야 합니다. 그래서 배터리 셀을 직렬 연결해서 큰 전력을 얻지요. 그리고 이때 각 셀이 균등하게 전기를 내놓도록 세심하게 제어할 수 있어야 합니다.

그러나 배터리에는 해결해야 할 문제가 있습니다. 배터리 용량이 많이 늘어났다고 해도 아직 만족스러운 수준은 아니거든요. 흔히 볼 수 있는 대여섯 명이 타는 중형 자동차는 배터리를 완전히 충전하면 약 400~500킬로미터를 움직일 수 있다고 해요. 서울에서 부산 정도는 한 번만 충전하면 갈 수 있지요. 땅이 좁은 우리나라에서는 이쯤이면 충분할 것 같지만 사실 그렇지 않습니다. 운전을 직업으로 삼은 사람들은 하루에 그 두 배 이상을 다니는 경우도 많거든요. 여기에 짐을 잔뜩 싣고 탑승자도 꽉 차면 움직일 수 있는 거리는 더 줄어듭니다.

그럼 배터리를 더 장착하면 되지 않을까요? 하지만 배터리를 싣고 다니는 것도 문제가 있어요. 지금도 전기 자동차는 내연 기관 자동차보다 무거운 편이거든요. 대부분 배터리 무게입니다. 내연 기관 자동차는 휘발유 탱크 무게가 약 40킬로그램인데, 전기 자동차 내의 배터리 무게는 약 200킬로그램입니다. 배터리를 더 실으면 그만큼 더 무거워지죠. 그러면 배터리가 오히려 빠르게 닳고 초과한 만큼의 효과를 볼 수 없습니다. 또 배터리를 더 실으면 공간이 좁아지는 것도 문제입니다. 배터리가 폭발하는 사고도 드물지만 일어나고 있고요. 그래서 공학자들은 지금 쓰는 리튬 이온 배터리 대신 더 안전하고 같은 부피에 더 많은 용량을 충전할 수 있는 새로운 배터리를 연구하고 있어요.

휴대폰을 2년 이상 쓰다 보면 완전히 충전해도 이전만큼 오래 쓰지 못하는 경험을 다들 해 봤겠지요. 시간이 지날수록 충전 용량이 줄어들기 때문이에요. 전기 자동차에 쓰이는 배터리도 마찬가지입니다. 처음 샀을 때는 완전히 충전하면 500킬로미터를 달리던 차도 차츰 운전 거리가 줄어들지요. 약 500번 정도 충전하고 나면 충전 용량이 감소하기 시작합니다. 보통 원래 용량의 80퍼센트까지 줄어들면 교체해야 합니다.

이런 문제를 해결하기 위해 새로운 배터리도 연구 개발 중입니다. 대표적으로 전고체 배터리가 있지요. 현재 사용하는 리튬이온 배터리는 충전재로 액체 물질을 이용하는데 이를 고체로 바꾸는 겁니다. 폭발 위험성은 물론 부피와 무게도 줄어듭니다. 그러면 더 많은 배터리를 장착할 수 있으니 한 번의 충전으로 달릴 수 있는 거리도 늘어나지요.

전기 자동차 배터리에는 경제적인 문제도 있어요. 현재 배터리는 전기 자동차 가격의 25~35퍼센트 정도를 차지합니다. 배터리 때문에 전기 자동차가 내연 기관 자동차보다 훨씬 비싸지요. 지난 10년간 배터리 가격은 지속적으로 떨어지고 있지만 아직도 여전히 비싼 편입니다. 정부에서 전기 자동차를 살 때 보조금을 지급해서 그 차이를 메우고 있다 해도 보조금을 계속 지급할 수는 없는 노릇이니까요. 기술을 향상해 배터리 가격을 지금보다 절반 이하로 내려야 보조금을 지급하지 않아도 내연 기관 자동차와 비슷한 가격이 될 겁니다.

내연 기관에서는 불가능했던
휠 모터 시스템

내연 기관 자동차가 전기 자동차로 바뀌면서 자동차공학 분야에 요구하는 기술도 달라졌습니다. 기존 자동차공학의 핵심 중 하나였던 동력 전달 장치가 간단해진 대신 모터와 배터리의 성능 향상이 무엇보다 중요해졌지요.

휠 모터 시스템도 전기 자동차에서 주목받는 미래 신기술입니다. 간단하게 말하자면 타이어 안에 타이어를 돌릴 모터를 넣는 것이죠. 내연 기관 자동차에서는 불가능한 발상입니다. 엔진의 크기도 크지만, 엔진과 연결된 다양한 부품이 모여 있어야 하고 연료와 공기 주입구도 연결해야 하는 등 복잡한 구조라서 모터는 보통 자동차 앞쪽에 자리를 차지하고 있거든요.

하지만 전기 자동차의 모터라면 타이어 안에 넣을 수 있습니다. 배터리에서 전기를 공급받을 전선과 운전 제어와 관련된 정보를 주고받을 통신선만 연결하면, 다른 부품과 연결할 필요 없는 간단한 구조거든요. 또 타이어 속에 들어간 모터는 해당 타이어 하나만 움직이면 되니 크기가 클 필요도 없습니다.

모터를 타이어 안으로 넣으면 차체에 들어갈 부품 중 자리를 크게 차지하는 것은 배터리밖에 없습니다. 이렇게 되면 내부 공간이 훨씬 넓어집니다. 활용할 수 있는 공간이 훨씬 커지는 거

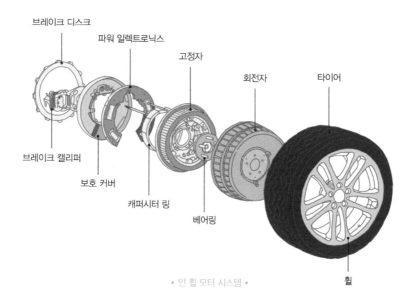

브레이크 디스크
파워 일렉트로닉스
고정자
회전자
타이어
브레이크 캘리퍼
보호 커버
캐퍼시터 링
베어링
휠

• 인 휠 모터 시스템 •

지요.

하지만 이런 구조를 만들려면 각 바퀴의 움직임을 정확히 제어할 수 있는 시스템이 먼저 갖추어져야 합니다. 그리고 바퀴 진동이 모터에 그대로 전달되니 고장 나기 쉽다는 문제도 있습니다. 미래 자동차공학에서는 이 문제를 꼭 해결해야 할 거예요.

배터리 용량을 줄이는 연구도 계속될 텐데요. 몇 가지 연구가 있습니다. 하나는 차 지붕에 태양광 패널을 설치해서 전기를 공급하는 것입니다. 하지만 현재 기술로는 하루 종일 태양을 쬐어도 3킬로미터 정도 이동하는 게 전부입니다. 급할 때는 유용하게 쓰이겠지만 배터리 용량을 줄이는 데는 큰 도움이 되지 않습니다. 지금보다 더 효율이 좋은 태양광 발전 시스템이 만들어진다면 다른 이야기가 되겠지만요.

무선 충전 시스템도 주목받고 있습니다. 지금도 어떤 휴대폰은 무선 충전이 가능하지요. 이 원리를 도로로 확장하는 겁니다. 도로를 달리면서 자동으로 충전되는 거죠. 이렇게 되면 자동차가 굳이 지금처럼 대용량 배터리를 가지고 있을 필요가 없습니다. 배터리 용량을 3분의 1로만 줄인다고 해도 차 가격이 내려가고 내부 공간도 훨씬 여유가 생깁니다. 하지만 아직까지 무선 충전 기술은 유선 충전보다 에너지 효율이 낮다는 문제가 있습니다. 더 효율적인 충전 기술이 개발되면 무선 충전 도로를 만드는 데 도움이 되겠지요.

마지막으로 자동차가 최대한 전기를 적게 쓰도록 만드는 기술도 지속적으로 관심을 받고 있습니다. 모터를 지금보다 더 효율적으로 만들고, 차체가 공기 저항을 덜 받도록 디자인해야 합니다. 그리고 요즘 차에 필수적인 에어컨이나 전자 제품이 더 적은 전기로 작동하게 하며 차를 움직일 수 있도록 효율을 높이는 방안도 필요합니다. 이런 연구가 미래 자동차공학에서 중요한 과제가 될 것입니다.

달리는 공기 청정기, 수소차의 미래

수소 자동차도 미래 자동차로 주목받고 있습니다. 정확한 명칭은 수소 연료 전지 전기 자동차로, 넓게 보면 전기 자동차의 한 종류인데요. 일반 전기 자동차와 다른 점은 배터리 대신 연료 전지와 수소 저장 탱크가 있다는 것입니다. 연료 전지는 우리가 아는 일반 전지처럼 전기를 생산하는 장치입니다. 음극으로는 수소를 쓰고 양극으로는 산소를 씁니다. 산소는 공기 중에 있으니 무료로 쓸 수 있고 수소만 차 내부의 저장 탱크에서 빼내 쓰지요. 이런 수소 자동차는 전기 자동차와 같은 장점이 있습니다.

그뿐만이 아닙니다. 수소 저장 탱크와 연료 전지가 전기 자동차의 배터리보다 작고 가볍다는 특성이 있지요. 그래서 수소를 주입했을 때 달릴 수 있는 거리가 더 길어집니다. 중형 자동차라면 한 번 충전에 700킬로미터는 이동할 수 있습니다. 트럭은 수소 저장 탱크를 더 크게 만들 수 있으니 1천 킬로미터 이상도 문제 없다고 해요.

수소 자동차의 장점은 이뿐만이 아닙니다. 공기 중 산소를 양극으로 쓰려면 공기 중의 불순물을 반드시 걸러내야 합니다. 따라서 수소 자동차가 달리면 일종의 공기 청정기가 달리는 것과 같은 역할을 합니다. 공기 중의 미세 먼지나 기타 오염 물질을 걸러 내지요.

그런데 이렇게 장점투성이인 수소 자동차를 개발하는 자동차

• 수소 저장 장치(렌더링) •

회사는 생각보다 적습니다. 전 세계를 놓고 따져 봐도 우리나라 현대자동차 등 서너 개 회사밖에 없지요. 수소 자동차에는 치명적인 단점이 있기 때문입니다. 수소는 불에 타기 쉬운 기체입니다. 조금만 새어 나가도 폭발하고 말죠. 풍선에 넣는 기체로 수소 대신 훨씬 더 비싼 헬륨을 쓰는 이유도 폭발 위험성 때문입니다. 따라서 수소를 충전하는 충전소는 매우 안전하게 지어져야 해요. 건설 비용이 많이 들 수밖에 없지요. 일반 전기 충전기한 대를 설치하는 데 몇백만 원이 든다면, 수소 충전소는 몇십억 원이 필요합니다. 이런 충전소를 한두 곳도 아니고 우리나라 방방곡곡에 세우려면 최소한 수백 곳이 될 테니 엄청난 비용이 들겠지요.

게다가 수소 자동차를 만들면 미국이나 유럽에도 수출해야 하니, 최소 수천 곳에 달하는 충전소가 필요할 테고 천문학적인 돈이 들 것입니다. 그런 이유로 당분간 수소 자동차는 일정 구간을 왕복하는 트럭이나 버스 같은 특정한 분야에서만 쓰일 것으로 예상합니다.

자율 주행만 믿어도 될까?

사람이 운전하지 않아도 알아서 가는 자율 주행 자동차는 생각만 해도 멋있지요. 지금도 일부 자동차에선 자율 주행 기술이 조금씩 적용되고 있습니다. 대표적으로 차의 앞부분이 길가를 향하도록 세우는 후방 주차가 있는데요. 고급 자동차는 주차를 지시하면 자동차가 알아서 후방 주차를 하기도 합니다.

고속도로에서는 일반 도로에서보다 운전 중에 신경 쓸 것이 줄어들지요. 자동차만 다니는 전용 도로이다 보니 도심에서처럼 보행자나 자전거, 오토바이 등을 살필 필요가 없거든요. 건널목도 없으니 속도를 유지한 채 앞으로 쭉 가기만 하면 되지요. 그래서 고속도로에서는 한 차선으로 계속 달리는 운행을 자동차에 맡기기도 합니다. 사람이 아예 신경 쓰지 않는 건 아니지만, 차가 알아서 차선을 지키고 앞차와의 간격도 일정하게 유지하면서 달리지요.

2020년 우리나라 교통사고 부상자는 30만여 명이고 사망자는 3천여 명입니다. 교통사고의 94퍼센트는 운전자의 과실로 일어납니다. 그런데 만약 모든 자동차가 자율 주행을 하게 되면, 교통사고 발생률이 현재의 100분의 1로 줄어들 거라고 예측됩니다. 이뿐만이 아닙니다. 자율 주행 자동차의 경우 앞뒤와 양옆의 차 간격을 사람이 운전할 때보다 훨씬 줄여도 안전합니다. 자연스레 교통 체증도 나아지겠지요.

하지만 사람이 하던 운전을 자동차에 완전히 맡기기까지는 해결할 문제가 많습니다. 자율 주행 기술은 보통 다섯 단계로

나뉩니다. 차선 유지 시스템은 1단계, 고속도로 주행은 2단계
로 여기까지는 지금도 사용되는 기술이지요. 5단계가 완전한
자율 주행 단계라고 할 수 있고요. 현재 3단계까지는 어느 정
도 완성되었고, 4~5단계는 연구 중입니다.

4단계나 5단계가 실현되려면 세 가지 요소가 완벽하게 갖추
어져야 합니다. 바로 '인식' '판단' '제어'입니다. 자전거 탈 때
를 생각해 봅시다. 우리가 자전거를 탈 때는 앞에 가는 자전
거, 맞은편에서 오는 자전거, 옆에 지나가는 사람들 그리고 차
선 등을 모두 파악해야 합니다. 자동차를 운전할 때도 마찬가
지인데, 자전거를 탈 때보다 파악해야 할 것이 훨씬 더 많겠지

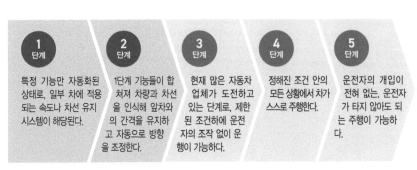

1단계	2단계	3단계	4단계	5단계
특정 기능만 자동화된 상태로, 일부 차에 적용되는 속도나 차선 유지 시스템이 해당된다.	1단계 기능들이 합쳐져 차량과 차선을 인식해 앞차와의 간격을 유지하고 자동으로 방향을 조정한다.	현재 많은 자동차 업체가 도전하고 있는 단계로, 제한된 조건하에 운전자의 조작 없이 운행이 가능하다.	정해진 조건 안의 모든 상황에서 차가 스스로 주행한다.	운전자의 개입이 전혀 없는, 운전자가 타지 않아도 되는 주행이 가능하다.

차량 통제권 | 운전자　　　　　차량 통제권 | 자율 주행 자동차

• 자율 주행 자동차의 기술 5단계 •

요. 양옆의 자동차, 앞차와 뒤차, 신호등, 차선, 무단 횡단을 하는 사람들, 거기다 목적지까지 길 안내를 하는 내비게이션까지 신경 써야 합니다. 자기가 지금 어디쯤 있는지도 확인해야 하고요. 지금은 운전자가 이 일을 하는데, 완전한 자율 주행이 이루어지려면 차가 이 같은 상황을 스스로 인식할 수 있어야 합니다.

이를 위해서 자율 주행 자동차에는 사람의 눈에 해당하는 카메라와 라이다Lidar라는 장치가 설치됩니다. 카메라도 한 대가 아니라 앞뒤 좌우 사방을 볼 수 있게 여러 대가 설치되지요. 라이다는 일종의 레이저입니다. 레이저를 순간적으로 쏘아 맞고 돌아오는 시간을 계산해서 물체의 위치를 파악하는 원리인데요. 라이다가 빙글빙글 돌면서 사방으로 레이저를 쏘아 주변의 움직이는 물체들이 얼마나 빨리, 어느 방향으로 움직이는지 파악합니다. 그리고 위성 항법 시스템의 인공위성과도 정보를 주고받아 자신의 정확한 위치를 파악해요.

앞으로 더 발전하면 교통 신호나 상황 등 교통 정보를 수집하고 전달하는 교통관제 시스템과도 신호를 주고받으며 현재의 교통 상황에서 최적 경로를 찾아가겠지요.

• 다양한 장치를 통해 주변 상황을 인식하는 자율 주행 자동차 •

그뿐이 아닙니다. 주변 차들과도 무선 통신을 할 수 있죠. 앞차가 정지하겠다는 신호를 뒤차에 보내면 뒤차는 이 신호를 받고 같이 정지하면서 주변 차들에게도 정지한다는 신호를 보내는 식입니다.

하지만 이렇게 정보를 빠르게 주고받기 위해서는 인터넷 통신 속도가 빨라야 해요. 5G가 바로 이를 위한 것이죠. 5G는 이전의 통신보다 훨씬 빠르게 정보를 주고받기 때문에 자율 주행 자동차에 꼭 필요한 초저지연(단말기 간 정보 전달 시간이 매우 짧음)을 구현할 수 있습니다.

또 이렇게 많은 정보가 한꺼번에 쏟아져 들어오면 이를 파악하고 판단하는 시스템이 중요해집니다. 그래서 자율 주행 자동차에는 강력한 성능의 인공 지능 컴퓨터가 장착됩니다. 일반 컴퓨터처럼 크지 않고 필수 기능을 중심으로 하나의 보드로 만들어지지요. 수천 분의 일 초마다 들어오는 정보를 처리해야 하니까요. 하지만 인공 지능이라고 만능은 아니에요. 다양한 상황에 대한 데이터를 모으고 학습해야 해결 능력이 좋아지니까요.

앞으로 가고, 방향을 틀고, 속도를 조절하며 멈추는 등의 기능을 제어 장치에서 담당합니다. 이 부분은 이미 어느 정도 완성된 단계인데요. 결국 앞으로 자율 주행 자동차 성능을 더 향상하고 안전하게 만들기 위해서는 주변 상황에 대한 인식과 판단 능력을 키우는 게 핵심이 될 거예요. 그래서 자율 주행을 연구하는 공학자들은 인공 지능은 물론 정보 통신에 대해서도 제대로 알아야 하죠.

또 하나, 이렇게 많은 정보를 확인하고 처리하기 위해서는 카메라나 라이다, 인공 지능 컴퓨터의 성능도 좋아야 합니다. 이런 성능을 발휘하려면 많은 전기 에너지가 필요하겠죠. 앞서 전기 자동차에서 가장 중요한 문제가 배터리 용량이라고 했는데, 자율 주행 장치가 전기를 많이 써 버리면 오래 달릴 수 없겠지요. 그래서 가능한 한 적은 전기를 쓸 수 있는 장치를 개발해야 합니다.

완전한 자율 주행이 되기까지는 앞서 살펴봤듯이 몇 가지 단계가 있습니다. 단계가 높아질수록 운전자는 운전에 들이는 노력을 줄일 수 있지요. 어려운 주차를 자동차가 알아서 해 주고, 고속도로처럼 비교적 단순한 상황에서 자동차가 차선을 유지해 주는 정도로도 이미 많은 사람이 편리함을 누리고 있습니다.

여기서 더 나아가 평상시에는 차가 알아서 운행하다가 운전자의 제어가 필요한 상황이 되면 알려 줄 수도 있습니다. 운전자는 운전석에 앉아 있고 눈앞에 핸들이 있기는 하지만, 사실 운전을 거의 할 필요가 없습니다. 물론 이런 단계까지 가려면 인공 지능의 학습 등 앞으로 남은 과제가 많기는 하지만 말이에요. 10년 안으로 이 정도의 수준은 이루어질 테니 여러분이 운전면허를 따고 차를 몰게 될 즈음이면 현실이 될 수 있을 거예요.

미래가 바꾸는 자동차, 자동차가 바꾸는 미래

자율 주행 전기 자동차가 만들어지기만 하면 모든 문제가 끝날까요? 그렇지 않습니다. 자동차 공학자가 되려면 생각해야 할 몇 가지 숙제가 남아 있어요.

자율 주행 자동차가 사고를 내면 어떻게 될까요? 지금은 차량 결함으로 생기는 사고는 자동차 회사가 책임지고, 운전 중 문제로 생기는 사고는 운전자가 책임집니다. 그런데 자율 주행 자동차는 운전자가 없습니다. 그렇다면 과연 누가 책임져야 할까요?

차량 소유자는 당연히 자동차 회사에 책임을 물을 테고, 자동차 회사는 이에 대응할 규칙과 규정을 준비해야겠지요. 그래서 자율 주행 자동차를 연구하려면 이 문제를 충분히 생각하고 대비해야 합니다.

이런 상황도 가정해 볼 수 있어요. 자율 주행 자동차가 이동하는데 갑자기 사람이 튀어나오는 거예요. 차가 사람을 치지 않기 위해 좌회전하면서 브레이크를 밟으면 옆 차와 부딪쳐 사고가 날 수 있어요. 차에 탄 사람뿐만 아니라 주변 사람까지 다칠 위험이 있죠. 이때 자율 주행 자동차가 어떻게 판단하도록 입력해 놓아야 할까요?

한 도로에 자율 주행 자동차와 사람이 모는 차가 같이 다니는 것보다 자율 주행 자동차만 다녀야 훨씬 더 효율적입니다. 그렇다고 모든 도로에서 자율 주행 자동차만 다니도록 법으로 강제하기는 힘들 거예요. 교통공학에서 다뤄야 할 부분이기는 하지만, 자율 주행 자동차를 개발한다면 사람이 모는 차와 함께 다닐 때 발생할 수 있는 문제를 파악하고 해결하는 일도 중요한 과제입니다.

대안으로 여기는 전기 자동차도 고민할 지점이 있습니다. 전

기 자동차라고 해서 이산화탄소를 만들지 않는 건 아니거든요. 지금 우리나라는 화력 발전소가 전체 전기 생산량의 약 65퍼센트를 담당하고 있어요. 즉, 발전소에서 전기를 만들 때 이산화탄소가 발생한다는 거죠. 이를 해결하려면 전기 생산도 이산화탄소가 발생하지 않는 방법을 사용해야 하죠.

그런데 전기 자동차를 만드는 과정에서도 이산화탄소가 발생합니다. 차체를 이루는 철을 만들 때 용광로에서 철광석을 높은 온도로 가열해 녹이고 여기에 코크스Cokes라는 물질을 넣어서 만듭니다. 이 과정에서 이산화탄소가 생겨요. 코크스는 아스팔트, 석유 등 탄소가 주성분인 물질을 가열해 휘발 성분을 없앤 고체 탄소 천연자원입니다. 용광로나 주물 제조 따위에서 금속을 가공하는 용도로 쓰이지요. 여기서 발생하는 이산화탄소가 우리나라 산업 전체에서 발생하는 이산화탄소량 중 가장 큰 비중을 차지합니다.

자동차 타이어는 합성 고무로 만드는데 석유가 원료입니다. 타이어를 만들 때뿐만 아니라 자동차 부품을 가공하고 조립하는 과정에서도 이산화탄소가 생깁니다. 여기까지는 기존 자동차에서 이산화탄소를 배출하는 것과 같지요. 그런데 배터리를 만드는 과정에서도 이산화탄소가 나옵니다.

그래서 지금으로선 전기 자동차를 만들 때 나오는 이산화탄소가 내연 기관 자동차를 만들 때 나오는 이산화탄소보다 좀 더 많아요. 물론 전기 자동차가 내연 기관 자동차보다는 친환경적이지만, 자동차 공학자라면 자동차 생산 과정에서 이산화탄소를 어떻게 줄여야 할지 더 연구해야겠죠.

자율 주행 전기 자동차도 환경 문제에서 완전히 자유롭지 못합니다. 자동차가 다닐 때 발생하는 오염 물질 중 대부분은 타이어가 지면과 마찰하는 과정에서 발생하지요. 전기 자동차라고 이 사실이 달라지진 않습니다. 또 차량과 교통량이 늘어나면 도로가 좁아지니 새로 도로를 내거나 확장해야 하죠. 여기서 문제가 생깁니다. 도로를 만드는 과정은 물론, 도로를 까는 데 필요한 시멘트나 아스팔트 등을 만드는 과정에서도 이산화탄소가 발생하니까요. 게다가 기존 건물을 부수기보다 녹지나 농경지를 없애고 그 위에 도로를 건설하는데 이 또한 장기적으로 환경을 훼손하는 일이지요.

이 문제를 해결하려면 차량 운행 자체를 줄여야 합니다. 자가용 대신 대중교통을 이용하고, 가까운 거리는 걷거나 자전거를 이용하는 거죠. 교통 정책도 바꿔야 하겠죠. 낮고 차체가 큰 전기 버스나 수소 버스를 흔히 봤을 거예요. 대중교통을 친환경적으로 만들려는 노력 중 하나이죠. 물론 이 역시 자동차공학보다는 교통공학과 관련된 문제이지만, 자율 주행이 이 문제를 부분적으로는 해결할 수 있어요.

앞서 말한 것처럼 자율 주행 성능이 좋아지면 차량 사이 간격을 촘촘하게 좁힐 수 있습니다. 그러면 지금보다 차선이 좁아도 되겠죠. 도로 면적을 줄일 수 있고, 기존 도로에 더 많은 차가 다닐 수도 있습니다. 도심지에는 주차 공간이 워낙 부족하다 보니, 자동차가 주차할 곳을 찾는 데 많은 시간을 써요. 하지만 자율 주행 자동차가 주차 관리 시스템과 직접 연결되면, 빙글빙글 돌지 않고 주차 공간을 한 번에 찾아낼 테니 시간을 허비하지 않아도 됩니다. 앞으로는 이와 관련된 연구도 자동차공학의 한 부분이 될 거예요.

사라져 가는 일자리 문제

자율 주행 전기 자동차 개발과 함께 고려해야 하는 사회적 문제로는 '일자리'도 있습니다. 전기 자동차는 기존 내연 기관 자동차보다 부품 수가 현저히 적습니다. 따라서 전기 자동차가 보편화되면, 기존 자동차 부품 회사에서 일하던 노동자의 상당수가 일자리를 잃게 됩니다. 우리나라 자동차 산업에서 직간접적으로 일하는 노동자들은 2018년을 기준으로 약 190만 명으로 집계되는데요. 이들 중 최소 10~30퍼센트가 일자리를 잃을 수 있습니다.

또 전기 자동차는 부품 수가 적다 보니 정비를 받을 일도 기존 자동차의 3분의 1 정도로 줄어듭니다. 자동차 정비소에서 일하는 노동자들 역시 실직 위험에 처하겠지요. 그리고 자율 주행 자동차가 보편화되면 차를 직접 사기보다는 빌려 쓰는 일이 늘어날 텐데요. 자동차 판매 일을 하는 노동자들도 일자리를 잃을 수 있습니다. 우리나라 자동차 판매 및 정비 쪽에서 일하는 노동자는 2018년 기준으로 28만여 명입니다.

자율 주행 자동차가 전면으로 등장하면 운전을 직업으로 삼는 사람들도 불안해질 수밖에 없습니다. 우리나라 운수업 노동자는 화물 트럭과 버스, 택시, 열차 등을 통틀어 약 76만 명입니다. 내연 기관 자동차에서 전기 자동차와 자율 주행 자동차로 전환하는 흐름은 막을 수 없지만, 그 과정에서 발생하는 여러 문제와 소외당하는 사람들에 대해서도 대책을 세울 필요가 있습니다.

더 알아보기

미래 자동차에
필요한 분야는 무엇일까?

우리가 자동차를 만들기 위해서는 어떤 공학 분야가 필요할까요? 자동차공학은 기존에는 기계공학의 한 부분으로 여겨졌지만, 지금은 굉장히 많은 분야가 서로 겹칩니다.

먼저, 여러 기계가 모여 작동해야 하니 이를 연구하는 기계공학이 주요 분야가 되겠지요. 여기에 오늘날 자동차는 다양한 전자 기기가 결합되어 있고 차량 전용 반도체 칩도 많이 들어가지요. 그래서 전자전기공학도 중요한 부분이 됩니다.

자동차 부품별로 좀 더 효율적이고 가벼우면서도 내구성이 좋은 물질로 구성하려면 해당 연구는 재료공학에서 해야겠지요. 현재 자동차만 해도 주요 기계 장치와 차체에 철, 구리, 알루미늄 등 금속 재료가 들어가고, 시트에는 천연 및 인조 섬유가 쓰입니다. 타이어는 합성 고무로 만들어졌고, 차 내부는 여러 종류의 플라스틱으로 마감됩니다. 그 외에도 미처 우리가 생각하지도 못했던 다양한 재료가 사용되지요. 그리고 이런 재료들은 계속 바뀌고 있습니다. 자동차 성능을 향상하고, 보다 친환경적인 소재를 사용하기 위한 노력 덕분이지요.

또 차를 타고 가는 동안 편안함을 느끼고, 사고 시 안전성을 확보하기 위해서는 인체공학적 설계도 중요합니다. 차가 운행할 때 공기와의 마찰을 줄이기 위해, 외관상으로 아름답게 보이도록 하는 곡선을 설계하는 과정에선 디자인 공학도 중요한 역할을 한답니다.

그래서 대학의 자동차공학과에서는 다양한 영역을 공부합니다. 예를 들어, 서울시립대학교 통섭 전공의 미래자동차공학 계열은 공학수학, 기계정보공학, 전자전기컴퓨터공학, 화학공학, 공간정보공학을 함께 공부합니다. 기계정보공학에서는 열역학, 고체역학, 메커니즘 설계, 동역학, 유체 역학, 시스템 역학 해석, 공정 제어, 에너지 환경 제어, 연료 전지 등을 배우고, 전자전기컴퓨터공학과에서는 고체 전자 물리, 알고리즘, 반도체 소자, 통신 공학, 전기 기기, 디지털 통신, 인공 지능, 이동 통신, 융합 반도체 기술 등을, 화학공학과에서는 물리 화학, 화공 유체 역학, 전기 화학, 에너지 공학을 배웁니다. 공간정보공학과에서는 공간 정보 프로그래밍, 디지털 지도학, 지리 정보 체계론, 위성 측위 등을 배우지요.

또 자동차 회사 연구소에서도 다양한 분야와 여러 학과 출신의 공학자를 뽑아 협력하게 하며 새로운 자동차를 개발하고 있어요.

현재 전기 자동차는 막 시작 단계입니다. 앞으로도 더 많은 기술이 개발되고 더 다양한 서비스가 추가되겠지요. 그리고 이런 전기 자동차를 개발하는 곳은 완성차 업체뿐만이 아닙니다. 전기 자동차는 기존 내연 기관 자동차와는 완전히 다른 접근과 설계가 요구되는데요. 대표 분야가 전자 정보 통신 기술입니다. 해당 경쟁력을 가진 업체들이 전기 자동차 개발에 막 뛰어들었지요. 자동차에 쓰이는 반도체 등 전기 전자 부품을 전장 부품이라고 하는데 자동차의 핵심 요소입니다. 우리나라에선 LG전자와 삼성전자 등이 전장 부품을 만드는 대표 회사입니다. 그리고 전기 자동차에서는 필수로 다양한 프로세스와 부품을 소프트웨어로 제어해야 합니다. 따라서 이와 관련된 프로그램 개발 회사들도 전기 자동차 연구를 활발하게 진행하고 있습니다.

자율 주행 연구는 다양한 분야에서 관여하고 있습니다. 가장 먼저는 완성차 업체가 있고, 구글이나 네이버처럼 인공 지능을 연구하는 회사들도 자율 주행에 진심이지요. 관련 하드웨어를 제공하는 엔비디아^{NVIDIA}나 삼성전자, 인텔^{Intel} 등 전자 정보 통신 업체들도 여기에 뛰어들었습니다. 미래 산업을 좌우할 분야이다 보니 민간뿐만 아니라 대학이나 정부 지원을 받는 연구소에서의 연구도 활발합니다.

자동차는 앞으로 단순한 탈것이 아니라 일종의 서비스가 될 것이라고 이야기하는데요. 이를 서비스로서의 모빌리티^{MaaS, Mobility as a Service}라고 합니다. 마치 휴대폰이 처음에는 단순히 전화하는 도구였지만 지금은 개인 생활의 중심이 된 스마트폰으로 발전한 것처럼 말이지요. 이렇게 자동차의 쓰임새가 변하면 지금은 생각하지도 못했던 많은 공학 분야가 자동차 발전에 이바지하게 될 것입니다.

3

에너지×미래

우리 아파트에서 만든
신선한 전기가 공급됐습니다

2036년 5월 퓨처 일렉트릭 사에 출근하는 이밝음은 떨리는 발걸음을 재촉했습니다. 오늘은 바로 새로운 팀으로 이동하는 날이지요. 설레는 이유는 또 있습니다. 처음으로 자신의 이름을 내건 프로젝트를 책임지게 되었거든요. 2080세대가 거주할 새 아파트 단지의 마이크로 그리드를 설계하는 임무를 맡았지요. 그리드Grid는 원래 격자무늬를 뜻하는데요. 마이크로 그리드는 좁은 지역 안에서 전기 공급을 촘촘하게 연결하는 전력망입니다.

과연 아파트 주민들이 생활하는 데 도움이 되는 전기 공급 방식은 무엇일까요? 밝음이는 설계도를 보고 기본 사항을 체크해 봤습니다. 아파트 베란다에 설치될 태양광 패널은 1,803개, 옥상에 설치될 태양광 패널은 520개입니다.

2,323개 패널이 26개 동에 설치되고, 옥상에는 소형 풍력 발전기가 한 동에 4대씩 설치될 예정이었지요.

베란다의 태양광 패널은 해당 가구에 우선적으로 전기를 공급하고 나머지는 아파트에 설치될 에너지 저장 장치ESS, Energy Storage System에 저장됩니다. 옥상에는 태양광 패널 말고도 소형 풍력 발전기가 있는데요. 여기서 생산된 전기는 아파트의 전등과 엘리베이터 등에 가장 먼저 사용되고 나머지는 마찬가지로 ESS에 저장됩니다.

ESS에 저장된 전기는 패널 설치가 불가능한 세대에 가장 먼저 공급되고, 아파트 단지 전체에 쓰이는 가로등이나 주차장 전등, 출입 단말 장치, 인터넷 공유기 등에 공급됩니다.

밝음이는 주변 아파트 단지의 세대별 전기 소비량과 공동 구역 전기 소비량 데이터도 확인합니다. 보통 한여름인 8월 오후 2시에서 4시 사이에 전력이 가장 많이 사용되는데요. 해가 길어지고 폭염이 잦아질수록 냉방기 사용이 늘어나면서 바깥에 설치된 에어컨 실외기가 더 힘차게 돌아가기 때문입니다. 그래서 8월의 일일 전력 소모율을 체크한 다음, 아파트 단지 전체에 공급되어야 할 순간 전력 총량을 정하고 세대별 공급 총량도 계산합니다. 전기 배선은 이를 감당할 수 있는 규모로 설계해야 하고요.

밝음이는 철저한 계산에 따라 ESS에 저장해야 할 전력량을 측정했습니다.

ESS 자체 용량은 기본 전력량 대비 150퍼센트 정도로 정해집니다. 만약 날이 흐리거나 비가 와서 태양광 발전량이 감소할 경우에도 차질 없이 전기를 공급하기 위해서지요. 외부 전력은 주로 가격이 싼 심야 시간대 전력을 공급받아 저장합니다.

그리고 태양빛이 강해 발전량이 많아져 ESS 저장 용량의 90퍼센트 이상 저장되면 자동으로 한국전력에 남는 전기를 팔 수 있도록 세팅해야 합니다.

다음 날 아침, 밝음이는 자신이 작성한 마이크로 그리드 설계에 추가로 설정할 내용을 살펴봤어요. 아파트 한 단지에서 생산되는 태양광 전력은 소비량 대비 120퍼센트 수준입니다. 물론 한여름에 에어컨을 집중적으로 틀거나 날이 흐릴 때는 모자라겠지만, 연간으로 따지면 전기 공급량이 남습니다. 이를 한국전력에 팔면 해마다 아파트 공동으로 약 2천만 원의 수입이 생길 것입니다. 이 수익은 퓨처 일렉트로닉 사의 몫이 아닙니다. 건설 회사와 입주자 대표 회의에서 처리할 문제가 될 것이지요.

오후에는 좀 더 복잡한 일이 남아 있습니다. 각 아파트로 들어갈 전선을 실내에 어떻게 배치할지 신경 써야 합니다. 이 부분 역시 혼자 해결할 수 있는 게 아닙니다. 건설사 설계팀과의 협업이 필요한 순간이지요. 그래서 오후에 있을 설계팀과의 회의에서 어떤 발표를 할지 미리 준비합니다.

만약 전기가
사라진다면?

전기의 미래를 떠올려 보았으니 이번에는 전기 없는 세상을 상상해 볼까요? 휴대폰도 컴퓨터도 쓸 수 없고 텔레비전도 볼 수 없습니다. 하지만 이 정도는 아무것도 아닙니다. 우리가 생활하는 집을 한번 살펴볼까요? 일단 냉장고부터 멈춰 버리니 음식을 오래 보관할 수 없습니다. 세탁기가 멈추니 모든 빨래를 사람 손으로 해야 하지요. 전등도 꺼졌으니 촛불을 켜야 합니다. 밖으로 나가면 위험한 상황이 펼쳐집니다. 도로 신호등이 꺼져서 교통경찰이 사거리마다 서서 호루라기를 불며 손으로 신호를 보내야 하죠. 지하철과 KTX 등 열차도 멈춥니다. 차를 타도 길 안내를 하던 내비게이션이 말을 듣지 않으니 지도책을 사서 이용해야 하지요. 더운 여름에 에어컨도 선풍기도 없이 버텨야 하고요. 무엇보다 병원의 상황이 심각합니다. 환자의 생명을 유지하는 장치들 대부분이 전기로 움직이는데요. X-ray, CT, MRI도 찍을 수 없으니 정확한 진단을 할 수도 없습니다.

전기를 처음 쓰기 시작한 것은 20세기 초 미국에서였습니다.

처음에는 집이나 공장에서 자체적으로 발전기를 두고 전기를 만들어 썼습니다. 그러다 대규모로 전기를 만드는 게 훨씬 효율적이라는 사실을 안 뒤로는 지금처럼 대형 발전소들이 만든 전기를 전선을 통해 공급하는 방식으로 바뀌었지요.

그때부터 전기는 현대 문명을 유지하는 필수 요소가 되었습니다. 가정마다 전등과 냉장고, 세탁기, 텔레비전, 전자레인지 등 전자 제품을 기본적으로 장만했죠. 공장의 기계도 전기를 동력으로 삼고, 신호등과 가로등 또한 전기에 의존합니다. 지하철과 KTX 역시 전기로 움직이고요. 이제 전기 없는 세상에서는 생존하기 힘들 정도가 되었지요. 거대한 발전소가 지어지고 발전소와 도시, 공장, 빌딩과 가정을 잇는 전국적인 전력 송전망이 곳곳에 설치됩니다.

우리나라에 전기가 들어온 지는 100년이 넘었습니다. 처음에는 석탄을 연료로 하는 화력 발전과 강물을 이용한 수력 발전이 대부분이었지요. 1970년대에 원자력 발전소를 여러 개 지으면서 원자력 발전이 전체 전기 생산량의 3분의 1을 책임지게 되었습니다. 그리고 석탄, 석유, 천연가스 등 화석 연료를 이용한 발전이 65퍼센트가량이나 됩니다. 원자력·화력 발전이 사실상 모든 전기를 만든 셈이지요.

그러나 앞으로는 양상이 달라질 것입니다. 바로 기후 위기 때문인데요. 기후 위기를 극복하기 위해서는 2050년까지 이산화탄소 발생량이 제로에 가까워져야 한다는 사실은 앞서 이야기했지요. 전 세계적인 계획에 우리나라도 동참하고 있고요.

현재 우리나라 이산화탄소의 약 3분의 1이 화력 발전소 내 전기를 만드는 과정에서 발생하고 있습니다. 화력 발전소를 획

기적으로 줄여야 한다는 뜻이죠. 그렇다고 원자력 발전소를 늘릴 수도 없는 노릇입니다. 원자력 발전에는 두 가지 커다란 문제가 있기 때문이지요. 하나는 2011년 일본 후쿠시마 원자력 발전소 사고에서 보았듯이, 한 번 사고가 나면 어마어마한 피해를 입고, 그 후유증이 최소한 몇십 년은 간다는 것입니다.

두 번째는 방사성 폐기물 문제입니다. 방사성 폐기물은 크게 중저준위 폐기물과 고준위 폐기물로 나뉩니다. 이 중 중저준위 폐기물은 경주의 폐기물 처리장에서 처리하고 있지만 고준위 폐기물은 아직 처리할 방법이 없어 원자력 발전소 부지에 임시로 보관하고 있습니다. 현재는 임시 저장소도 가득 차서 2021년에 임시 저장소를 늘렸지만, 여전히 제대로 처리할 곳을 마련하지 못하고 있지요. 그래서 우리나라뿐만 아니라 전 세계적으로 원자력 발전을 줄이거나 중단하고 있습니다.

하지만 전기 소비량은 점점 늘어납니다. 우리나라의 경우 21세기 들어 매년 3~5퍼센트씩 전기 사용량이 늘고 있지요. 그러니 이산화탄소를 내놓지 않는 재생 에너지 발전에 대한 관심과 연구가 활발해질 수밖에 없습니다. 재생 에너지는 발전 發電, 전기를 일으킴을 통해 실제로 사용할 수 있는 전기로 공급됩니다. 재생 에너지는 태양광 발전, 풍력 발전, 지열 발전, 조력 발전, 파력 발전, 해양 온도 차 발전 등이 있는데 그중 우리나라에 적합한 방법은 태양광 발전과 풍력 발전 두 가지입니다. 그리고 재생 에너지를 이용한 발전과 함께 전기 에너지 저장 장치와 스마트 그리드가 주목받고 있습니다.

태양광 발전의
핵심은 패널!

2021년 여름에 특이한 현상이 발견됐습니다. 여름의 전기 사용량은 다른 계절보다 많다고 했지요. 기온이 가장 높이 올라가는 오후 2시에서 4시 사이에 전국적으로 전기 사용량이 쭉쭉 올라가지요. 그런데 2021년 7월은 조금 달랐습니다. 사용량이 가장 많은 시간대가 오후 5시였지요.

확인해 보니 아파트 베란다와 공장 지붕, 일반 주택의 지붕 등에 설치한 태양광 패널이 햇빛이 가장 강한 오후 시간대에 생산한 전기 덕분에 한국전력에서 공급하는 전기가 오히려 줄어

든 것이었습니다. 햇빛의 강도가 약해질 때 태양광 발전이 줄어
들면서 오후 5시가 되자 한국전력에서 공급하는 전기가 늘어나
최대치가 되었던 것이지요. 분석해 보니 우리나라 발전량의 약
10퍼센트를 통계에 잡히지 않는 태양광 발전이 차지하고 있다
는 결과가 나왔습니다.

이처럼 앞으로도 태양광 패널 설치가 더 늘어나면 우리나라
전체 전력에서 태양광이 차지하는 비중이 더욱 커지게 되고, 약
10년 이후에는 국내에서 최우선으로 하는 발전 방법 중 하나가
될 전망입니다.

태양광 발전의 기본 원리는 광전 효과입니다. 광전 효과는 금
속의 표면에 빛을 비추면 그 에너지를 흡수한 전자가 튀어나오
는 현상입니다. 태양광 발전은 이 전자를 전선을 통해 이동시켜
전류를 흐르게 하는 것이죠. 이렇게 빛에 의해 전류가 흐르도록
만든 것을 광 다이오드라고 합니다.

태양광 발전의 핵심 부품은 광 다이오드를 모아 배열한 태양
광 패널입니다. 흔히 아파트 베란다나 주택 지붕에 놓여 있는
걸 볼 수 있지요. 패널의 기본 구조는 셀입니다. 셀 하나하나마
다 광 다이오드가 있어 빛을 받으면 전기를 생산합니다.

하지만 셀 하나의 전력은 매우 작습니다. 그래서 셀들을 직렬로 연결해 하나의 모듈로 만들어 우리가 사용할 수 있을 정도로 전력을 키우지요. 이 모듈이 여러 개 모여야 우리가 보는 하나의 패널이 만들어집니다. 이렇게 만들어진 전류는 직류입니다. 즉, 전류가 한 방향으로만 흐르죠. 그런데 우리가 집에서 사용하는 전기는 1초에 60번씩 주기적으로 방향이 바뀌는 교류입니다. 그래서 직류 전기를 교류로 바꿔 주는 인버터가 모듈 옆에 설치되어 있습니다.

태양광 발전은 한 번 설치하면 따로 연료를 공급하지 않아도 햇빛으로 계속 전기를 생산하는 매력적인 발전 방식입니다. 또 발전 과정에서 발생하는 오염 물질도 전혀 없습니다. 이런 점 때문에 미래 청정에너지로 각광받고 있어요.

현재 태양광 발전은 여러 측면에서 발전하고 있으며, 연구도 활발히 이어지고 있습니다. 한 번 설치하면 이후에 추가 비용이 별로 들지 않기 때문에 패널 가격이 싸면 쌀수록 같은 양의 전기를 만드는 데 드는 비용이 절감되지요. 가령 패널 가격이 100만 원이고 20년간 매년 10킬로와트시^{kWh}의 전기를 생산한다면, 200킬로와트시에 100만 원이 드니 1킬로와트시당 5천 원인 셈입니다. 하지만 패널 가격이 80만 원이 되면 1킬로와트시당 비용은 4천 원으로 떨어집니다.

패널 가격이 중요한 이유는 현재 사라져야 할 화력 발전소의 전기 생산 비용과 비교해 같은 가격이거나 더 낮은 가격이 되어야 더 많이 보급할 수 있기 때문입니다. 아무리 친환경이라고 해도 더 비싸면 안 쓰게 되니까요. 다행히도 태양광 패널의 가격은 낮아지고 있습니다. 생산 공정도 개선되고 규모가 점점 커지고 있지요. 전문가들은 2025년쯤에는 태양광 패널 비용이 화력 발전소 전기 생산 비용과 비슷해질 것이라고 전망하고 있어요.

한편 패널을 설치할 수 있는 장소가 제한적이다 보니 최대한 많은 전기를 생산하도록 같은 면적에서 더 많은 전기를 생산해 내는 방법을 모색해야 합니다. 이를 위해 기존 실리콘 위주의 패널 소재를 뛰어난 전기 전도성을 지닌 페로브스카이트^{Perovskite} 등 다양한 신소재로 바꾸려는 연구도 진행 중이지요.

태양광 발전은 땅 위에서만 가능할까요? 놀랍게도 우주에서 하는 태양광 발전도 흥미로운 연구 대상입니다. 햇빛은 지면에 닿기까지 대기에서 약 30퍼센트가 흡수됩니다. 우리는 나머지 70퍼센트만 받는 것이지요. 게다가 밤에는 아예 전기를 생산할 수 없고, 아침이나 저녁에는 대기층을 통과하는 길이가 길어지다 보니 공기 중에 흡수되거나 산란되는 비율이 높아집니다. 그래서 발전 가능한 양이 한낮의 30~50퍼센트 수준밖에 되지 않습니다. 또 흐린 날이나 비가 올 때도 효율이 떨어집니다. 하지만 지구 대기권 밖에 태양광 발전소를 설치하면 이런 문제가 완전히 해결됩니다. 하루 24시간 1년 365일 지구보다 훨씬 고효율의 전기를 생산할 수 있으니까요.

그러려면 세 가지 문제를 해결해야 합니다. 먼저 태양광 패널을 우주로 쏘아 올리는 비용 문제입니다. 현재까지는 비용이 어마어마해 이른바 가성비가 말도 되지 않게 낮습니다. 이를 극복하기 위해 태양광 패널의 소재를 더욱 가벼운 것으로 바꾸고, 발사체를 여러 번 사용하는 방법이 연구되고 있지만 시간이 더 필요해 보입니다. 두 번째로 우주에는 태양에서 나온 방사선이 지구보다 훨씬 더 많다는 것입니다. 이런 방사선은 태양광 패널의 수명을 단축시킵니다. 발사에 비용이 많이 드는 만큼 최대한 오래 사용해야 하니 해결해야 할 문제이죠. 마지막으로 생산한 전기를 어떻게 지구로 보낼 것인지에 대한 문제입니다. 현재는 이를 레이저나 마이크로파로 전송하는 법을 연구하고 있습니다.

지구에도 태양광 발전에 적합한 곳이 있습니다. 바로 사막이지요. 하루 종일은 아니지만 해가 떠 있는 동안 발전 효율은 우리나라의 두 배 이상이나 됩니다. 아프리카 사하라 사막, 몽골 사막, 오스트레일리아와 중남미 사막 등이 대표적이에요. 이런 사막에 대규모 태양광 발전소를 설립하는 방안도 계획하고 있습니다.

그럼 이제 생산한 전기를 어떻게 우리나라로 가져올지 생각해야겠죠. 지금은 수소를 이용하는 방안이 가장 유력합니다. 태양광 발전으로 만들어진 전기로 물을 분해하면 산소와 수소가 나옵니다. 이 중 수소를 모아 아주 낮은 온도에서 액체로 만들어 배로 운반하는 것이지요. 이렇게 운반된 수소는 태워도 배기물이 물밖에 나오지 않는 청정 연료가 됩니다. 또 몽골의 경우 멀지 않으니 전선을 통해 전기를 공급받을 수도 있습니다. 다만 이 경우 전선이 러시아와 북한 또는 중국을 지나야 하는데 외교적인 문제를 어떻게 처리할지 고민해야 합니다. 분명한 것은 태양광 발전이 꼭 우리나라 안에서만 하라는 법은 없다는 이야기지요.

크면 클수록 좋은 풍력 발전기

인류는 옛날부터 바람의 힘을 많이 이용했습니다. 바람의 힘으로 물을 퍼내고 곡물을 빻는 풍차가 도는 들판은 우리가 네

덜란드 하면 가장 먼저 떠올리는 풍경이지요. 그 풍차로 전기를 만들기 시작한 건 20세기에 들어와서였어요.

풍력 발전의 원리는 간단합니다. 바람이 날개를 돌리면 날개와 연결된 발전기 내의 자석이 코일 안에서 움직이고, 전자기 유도 현상에 의해 전기가 생산되지요. 전자기 유도 현상은 1831년 영국의 물리학자 마이클 패러데이가 발견했습니다. 폐쇄된 회로를 관통하는 자기장이 시간의 흐름에 따라 변화하면, 그 변화를 방해하는 방향으로 변화율에 비례한 기전력이 생기는 것이지요. 기전력은 전류를 흐르게 하는 힘입니다.

과학 시간에 했던 실험을 기억하나요? 동그랗게 꼬아 놓은 전선 안으로 자석을 넣었다 뺐다 하면 전선과 연결된 꼬마전구에 불이 들어왔지요. 이를 전자기 유도 현상이라고 배웠습니다. 자석이 들락날락하면서 자기장이 변하면 그에 따라 전기가 만들어지는 현상이에요.

풍력 발전도 마찬가지입니다. 날개가 돌면 날개와 연결된 축을 따라 풍력 발전기 안의 자석이 빙글빙글 돕니다. 이에 따라 자석 주변의 코일에서 전기가 생성되죠.

풍력 발전 역시 발전기를 한 번 설치하면 연료를 필요로 하지

• 전자기 유도 현상(위)과 들판에 늘어선 풍력 발전기(아래) •

않고 배출되는 오염원이 전혀 없다는 점에서 청정에너지에 해당합니다. 또 태양광 발전은 밤에는 불가능하지만 풍력은 밤낮을 가리지 않는다는 장점도 있지요.

풍력 발전에서 첫 번째로 중요한 조건은 바람의 질이 좋은 지역을 선택하는 것입니다. 바람에도 질이 있냐고요? 그렇습니다. 이왕이면 일정한 세기 이상의 바람이 계속 부는 곳이 좋습니다. 또 주변에 공기 흐름을 방해하는 요소가 적은 곳일수록 좋지요. 그래서 건물이 많은 도시보다는 평야가, 산 아래쪽보다는 위쪽이 좋습니다. 두 번째로 중요한 조건은 날개를 최대한 길게 만드는 것입니다. 같은 조건에서 발전기 날개가 두 배가 되면 만들 수 있는 전기는 네 배가 됩니다. 여러분도 해안이나 능선을 따라 차를 타고 가다가 멀리서 하얀 날개가 돌아가는 풍경을 봤을 거예요. 그런데 실제로 가까이서 보면 풍력 발전기 높이가 상당히 크죠. 새로 개발되는 풍력 발전기는 에펠탑보다 더 거대한 덩치를 자랑하기도 합니다.

하지만 이런 풍력 발전기에는 치명적인 단점이 하나 있습니다. 바로 사람이 사는 지역 주변에 설치하지 못한다는 것이죠. 날개가 돌면서 발생하는 낮은 소리가 우리에게 해로운 영향을 끼치기 때문입니다.

악기로 예를 들어 볼까요. 바이올린은 높은음을 내고, 첼로는 낮은음을 냅니다. 바이올린 현은 짧고 첼로 현은 길기 때문이지요. 마찬가지로 풍력 발전기의 날개가 길면 길수록 더 낮은 소리가 나는데 이를 저주파라고 합니다. 이 저주파가 하루 종일 들리면 주변에 사는 사람들의 건강에도 해롭고 스트레스도 높아지겠지요. 그래서 육지에 풍력 발전기를 설치하려면 사람이 살지 않는 고도가 높은 지역을 선택할 수밖에 없습니다. 우리나라는 풍력 발전기 대부분이 강원도 대관령이나 경북 영덕 등 산등성이에 설치되어 있어요. 하지만 이는 또 다른 문제를 일으킵니다. 덩치 큰 발전기를 산 위에 설치하려면 숲을 베어 도로를 내야 하거든요. 덩치가 크다 보니 도로 폭도 꽤 넓어야 합니다. 또 풍력 발전기를 설치하는 부지의 나무도 베어야 하죠. 기후 위기 때문에 풍력을 도입하는 건데 이산화탄소를 흡수할 나무를 베어야 한다니 이율배반적입니다.

그래서 요즘에는 주로 바닷가에 풍력 발전기를 설치하는 추세입니다. 바다는 고도가 낮아도 흐름을 방해하는 요소가 없어 바람의 질이 좋고 또 숲을 없애는 문제도 해결되니까요.

하지만 바다라고 해서 완벽한 장소인 것은 아닙니다. 바다에서 물고기를 잡고 양식해서 사는 어민들에게 피해가 갈 수 있으니까요. 거기에 풍력 발전기를 고정하기 위해 바다 밑에 고정식 장치를 설치하는 과정에서 해양 환경에 피해를 끼치게 됩니다. 새들이 발전기 날개에 부딪혀 죽기도 하지요. 또 돌고래 등 비 닷속 생물이 풍력 발전기의 저주파음에 시달리는 문제도 심각합니다. 물은 공기보다 소리를 훨씬 잘 전달하거든요.

이 문제를 해결하기 위해 요즘은 발전기를 바닥에 고정하는 방식이 아니라 바다 위에 떠 있으면서 닻 같은 장치로 고정하는 부유식을 선호합니다. 이렇게 되면 해양 환경 문제는 점차 해결되겠지요. 날개 중 하나를 검은색으로 칠해 새들이 발전기를 발견하고 피할 수 있도록 하는 방법도 연구 중입니다. 하지만 저주파 문제는 아직 해결책을 찾지 못했습니다. 물론 풍력 발전기의 날개 길이를 줄이는 방안도 있지만, 그러면 만들 수 있는 전기량에 한계가 있고 효율이 떨어지는 문제가 생기고 맙니다. 그렇다면 날개 모양 등 형태를 바꾸는 건 어떨까요? 실제로 공학자들이 다양한 시도를 하고 있어요. 날개 없이 전기를 만드는 새로운 종류의 풍력 발전기 연구도 진행되고 있습니다.

해상 풍력에는 환경에 끼치는 피해 말고도 몇 가지 문제가 더 있습니다. 일단 육지보다 설치하기 까다롭고 그 비용도 많이 들지요. 그리고 바닷물로 발전기가 부식하는 문제도 해결하려면 유지하고 보수하는 비용도 꽤 듭니다. 그러나 이를 상쇄할 만한 장점이 있습니다. 풍력 발전이 화력 발전만큼이나 전기 생산 비용이 저렴하다는 것이지요. 일찍이 풍력 발전에 투자한 덴마크는 풍력 발전 생산량이 전체 전기 생산량에서 46퍼센트를 차지할 정도입니다.

전기 에너지 저장 장치

풍력 발전과 태양광 발전의 가장 큰 특징은 우리 필요에 따라 발전량을 늘리고 줄일 수 없다는 것입니다. 태양광은 낮에만 얻을 수 있고 그마저도 날이 흐리면 효율이 급격히 떨어집니다. 풍력 역시 폭풍이나 태풍처럼 거센 바람이 불 때는 파손의 우려가 있어서 멈추어야 하지요. 한반도 전체를 뒤덮는 태풍이라도 불면 재생 에너지를 동력으로 하는 전기 생산량이 뚝 떨어집니다.

그래서 전기가 많이 생산될 때 남는 전기를 저장했다가 필요할 때 쓸 수 있는 전기 에너지 저장 장치가 중요하지요. 저장 장치라고 하면 흔히 배터리가 떠오르지만 실제로는 다양한 방식이 있습니다.

먼저 지금도 사용하고 있는 양수 발전이 있습니다. 양수 발전은 전기가 남아돌 때 그 전기를 이용해 낮은 곳에 있는 물을 산 위 높은 곳에 올려놓는 것입니다. 그리고 전기가 필요할 때 물이 내려오는 힘으로 수력 발전을 하는 것이죠. 지금도 우리나라 곳곳에 양수 발전소가 있습니다.

하지만 양수 발전에는 한 가지 문제가 있습니다. 이미 댐에 물이 가득 차서 더 이상 물을 저장할 수 없을 때는 쓸 수 없다는 것입니다. 장마철이나 태풍이 불어오는 경우가 그렇지요. 또 하나는 양수 발전을 위해선 댐을 만들어야 하는데, 댐이 하천 주변 생태계를 망치기에 더 해서는 안 될 일이라는 것입니다. 실제로 21세기 이래 우리나라에 단 한 건의 수력 발전소 건설도 이루어지지 않고 있는데요. 우리나라뿐만 아니라 다른 나라도 사정이 크게 다르지 않습니다. 물론 이미 지어진 댐에 수력 발전을 더할 수는 있겠지만 그 용량이 별로 크지 않습니다.

우리가 전기 에너지를 저장하기 위해 사용하는 장치가 또 있습니다. 심야 전기 보일러입니다. 심야 시간에 값싼 전기를 저장했다가 낮 시간에 돌리는 보일러로 규모가 있는 빌딩에서 주로 사용합니다. 큰 빌딩에서는 지하의 대규모 냉동 탱크를 심야 시간의 싼 전기로 냉각시켰다가 낮 시간 동안 냉방용으로 사용하기도 합니다. 하지만 앞으로 재생 에너지 이용량이 늘어나면 이 정도로는 수요를 맞출 수 없지요.

이런 이유로 가장 주목받는 것은 배터리를 이용한 전력 저장장치ESS입니다. 휴대폰 배터리와 동일하지만 저장 규모에서 차원이 다르지요. 비교적 작은 ESS도 휴대폰 배터리의 몇만 배 이상이니까요. 실제로도 ESS는 대규모 태양광 발전소와 풍력 발전소 부근에 설치되어 있습니다. 비교적 작은 장소를 차지한다는 장점이 있지만, 배터리 자체가 비싸고 수명이 짧아 경제적이지 않다는 것이 단점입니다.

그러나 전기 자동차의 보급이 활발해지면 ESS는 좋은 대안이 될 수 있습니다. 보통 전기 자동차는 7~10년 정도 타다 보면 배터리 용량이 처음보다 70~80퍼센트로 낮아져서 교체해야 합니다. 하지만 이 정도면 ESS를 5~10년 동안 쓰기에는 무리가 없습니다. 전기 자동차의 폐배터리를 활용해서 ESS를 구축하면 비용이 훨씬 줄어들지요. 그리고 배터리 자체의 재활용이 환경 보호에도 큰 도움을 줄 수 있습니다.

또 수소를 이용할 수도 있습니다. 전기 생산량이 소비량보다 많을 때 여분의 전기를 이용해 물을 분해하면 수소와 산소가 나옵니다. 분해되어 나오는 산소는 그대로 공기 중으로 내보내면 되고, 수소만 따로 모아 저장합니다. 이 수소를 연료로 쓰면 부산물이 물밖에 나오지 않으니 딱입니다. 또 철강 업체가 용광로에서 철광석을 제련할 때 코크스 대신 수소를 이용하면, 석탄 대신 전기를 써도 되니 이산화탄소 발생량을 줄일 수 있습니다. 이뿐만 아니라 수소 연료 전지로 활용하는 방법도 있습니다. 수소 연료 전지는 앞서 이야기했듯이 수소 연료 전지 전기 자동차뿐만 아니라 전기가 필요한 곳이라면 어디든 사용할 수 있어요. 수소는 배를 통해서도 보낼 수 있으니 수입이나 수출을 하는 데도 유용합니다.

ESS와 수소 저장 장치는 한곳에 집중적으로 배치하는 것이 아니라 전기를 만드는 장소 바로 옆에 설치하는 것이 더 효율적이죠. 그래서 태양광 발전과 풍력 발전이 전국적으로 이루어지면 ESS와 수소 저장 장치도 전국적으로 설치되어야 합니다.

전기는 어떻게
우리 집까지 올까?

발전소에서 최종 소비자, 즉 우리 집이나 공장과 지하철 등으로 전기가 전달되는 과정은 크게 두 가지로 나뉩니다. 하나는 송전망이고 다른 하나는 배전망이지요. 송전망은 10만 볼트 이상의 높은 전압으로 발전소에서 전국의 주요 거점까지 이어지는 전력망입니다. 산에 가면 높은 철탑에 굵은 전선이 여러 개 걸쳐져 있는 걸 볼 수 있는데, 이게 바로 송전망이지요.

송전망 전압이 고압인 것은 두 가지 이유에서입니다. 전기가 전선을 타고 이동하는 동안에도 일정하게 전력 소모가 일어나는데요. 이때 전압이 높으면 높을수록 같은 양의 전기 에너지를 보낼 때 일어나는 전력 소모가 적습니다. 전압이 높을수록 동일

한 굵기의 전선으로 보낼 수 있는 전기 에너지 양이 많아지는
것도 고압으로 송전하는 또 다른 이유입니다. 하지만 1천만 볼
트 정도까지 높이면 전선 온도가 너무 높아져서 사고가 생기기
쉽겠죠. 그래서 전선의 굵기와 재질을 따져 가장 적합한 전압을
선택해야 합니다.

배전망은 이렇게 송전망으로부터 받은 전기를 배분해서 최
종 소비자에게 보내는 역할을 합니다. 보통 2만 3천 볼트 이하

의 전압으로 보내지는데요. 우리 집으로 들어오는 전압은 대개 220볼트이고 공장으로 가는 전압은 380볼트입니다. 하지만 이 경우도 한 번에 수만 볼트의 전압을 220볼트로 낮추지 않습니다. 예를 들면 서울시 종로구로 송전된 전기는 배전망에서 2만 볼트 정도로 낮춰서 종로구의 각 거점 변압기로 보내집니다. 그러면 각 거점이 다시 전압을 낮춰서 최종 변압기로 보내지요. 그리고 최종 변압기가 마지막으로 220볼트나 380볼트로 낮춰서 가정이나 공장에 공급합니다. 가능한 한 높은 전압을 유지해서 전기 에너지의 낭비를 줄이고 전송망에 들어가는 전선 개수도 줄이기 위해 여러 단계를 거치지요. 이 배전망은 이전에는 주로 전봇대를 중심으로 만들어졌지만 요새 건설되는 신도시에서는 대부분 지하에 묻습니다. 그래서 최근에는 전봇대가 많이 사라졌지요.

전력망에서 가장 중요한 과제는 안정적인 전기 운용입니다. 문제는 전기는 실시간으로 생산되고 소비되는데 이 균형을 맞추는 일이 쉽지 않다는 것입니다. 기존의 송배전망에서는 저장이 거의 이루어지지 않기 때문입니다. 예를 들면 20개 주방이 있고 손님을 천 명 정도 받을 수 있는 식당을 생각해 봅시다. 그런데 밥이나 반찬도 미리 준비된 것이 없습니다. 손님들이 계속 와서 주문하고 밥을 먹고 나가는 일이 24시간 계속됩니다. 이 식당의 직원들은 손님들의 주문을 받고 주방에 전달하고 다시 만들어진 음식을 손님 앞으로 가져가고 정리도 해야 하는데 한시도 쉴 수 없습니다. 상상만 해도 엄청나게 복잡하겠지요? 하물며 전국의 수천만 가구와 상점, 빌딩, 공장, 열차와 지하철, 가로등 등 온갖 곳으로 전기를 보내면서 실시간으로 전력량이 얼마나 변하는지 확인하고, 어디선가 사고가 생기면 수습해야 하니 송배전망을 운영하는 건 여간 쉬운 일이 아닙니다.

이렇게 설명하니 우리나라의 그리드가 굉장히 복잡해 보이지요. 물론 복잡하지 않은 건 아니지만 그래도 앞으로 요구되는 스마트 그리드에 비할 바가 아닙니다. 현재 우리나라 발전소는 크게 원자력 발전소와 화력 발전소로 나뉘어 있으며 모두 합쳐도 100개가 채 되질 않습니다. 이 중 원자력 발전소는 경상도의 해안 지방인 울진, 경주, 기장과 전라남도의 영광에 건설되어 있습니다. 이곳에서 만들어진 전기는 전국망을 타고 배달되는데요. 주로 공업 단지와 수도권에 들어갑니다. 그 외 화력 발전소는 전력 수요가 가장 많은 수도권과 충남 지역 그리고 경상남도에 집중되어 있습니다. 그 외 각 도에도 몇 개씩 자리 잡고 있지요. 이들 화력 발전소가 각 지역에 전기를 공급하고 있습니다.

송전망은 이들 발전소를 중심으로 지역의 중심 거점까지 이어지지요. 배전망은 거점에서 다시 주변으로 퍼지는 구조를 그리고 있습니다. 여기에 혹시 모를 사고에 대비해서 지역 간에도 전기를 보낼 수 있도록 보조망이 깔려 있습니다. 전체적으론

현재 우리나라
송배전망 개요

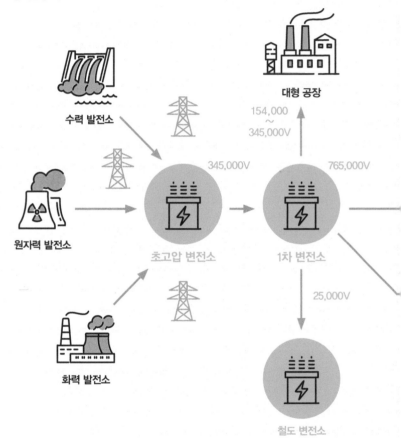

수력 발전소

원자력 발전소

화력 발전소

대형 공장

154,000
~
345,000V

765,000V

345,000V

초고압 변전소

1차 변전소

25,000V

철도 변전소

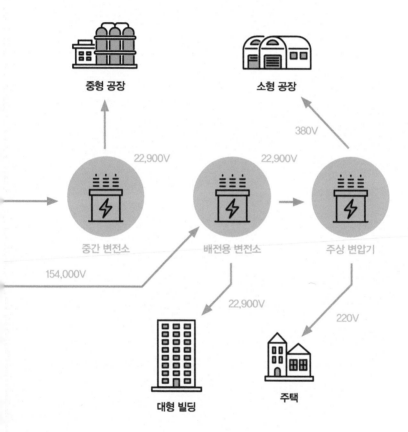

중형 공장

소형 공장

22,900V

22,900V

380V

중간 변전소

배전용 변전소

주상 변압기

154,000V

22,900V

220V

대형 빌딩

주택

100개가 채 되지 않는 발전소를 중심으로 송전망이 뻗어 나가고, 이 송전망의 끝 지점에서 다시 배전망이 뻗어 나가는 모습이 현재의 송배선망입니다.

하지만 재생 에너지가 주가 되면 사정이 달라집니다. 일단 전기를 만드는 곳이 전국적으로 수천수만 곳이 됩니다. 이렇게 많은 곳에서 생산되는 전기를 지역별로 효율적으로 관리하기 위해 이전의 중앙 집중식과는 달리 분산 전원 관리를 해야 합니다. 이제까지는 100개가 되지 않는 발전소에서만 전기가 만들어졌는데 이제는 전국의 공공건물, 아파트, 빌딩 등에 태양광 발전 설비가 설치되고, 각 지역의 공터에도 태양광이 들어섭니다. 해안을 따라서는 풍력 발전 단지들이 들어서겠지요.

그런데 소규모 태양광 발전은 전압이 그리 높지 않습니다. 자기 집에서 쓰는 거야 상관없지만 이런 소소한 전기들을 모아서 쓰려면 앞서 이야기한 것처럼 전압을 높여야 합니다. 전국 곳곳에 소량의 전기들을 모아 전압을 높여 송전하는 장치가 있어야 하는 거죠. 더구나 태양광과 풍력은 사람이 그 발전량을 제어할 수 없습니다. 구름이 끼면 태양광 효율이 떨어지고 먹구름이 심하게 몰려오거나 비가 오면 거의 제로가 됩니다. 바람도 우리가 어찌할 수 없는 자연 현상이지요. 지역 편차도 생깁니다. 오전에는 경상도에 구름이 잔뜩 몰려와서 그쪽 태양광 발전이 줄어들더니 오후에는 충청도에 비가 내릴 수도 있으니까요.

따라서 실시간으로 지역에 따라 계속 변하는 전기 발생량을 확인하면서 전국적으로 전기를 배분하는 건 굉장히 어려운 일입니다. 계절적 요인도 고려해야 하고 시간대별 발전량 추이도 고민해야 합니다. 이렇게 되면 기존 배전송망으로는 한계가 있겠지요. 그래서 지능형 배전송망을 구축해야 합니다.

버려지는 전기를 모을 수 있을까?

스마트 그리드의 또 다른 중요한 목표는 전기 에너지 절약입니다. 현재 우리나라는 매년 3~5퍼센트씩 전력 사용량이 늘어나고 있습니다. 이런 상황에서 아무리 재생 에너지가 증가한다해도 기존 화력 발전을 줄이기 쉽지 않습니다. 재생 에너지를 늘리는 한편 전기 에너지 사용량을 줄이는 것이 대단히 중요한 과제가 되겠지요.

몇 가지 용어를 살펴볼까요? 먼저 알아야 할 것은 현재 전기는 거의 저장되질 않는다는 점입니다. 즉, 발전소에서 만든 전기는 몽땅 사용해야 하고, 사용되지 않은 건 아깝지만 버려야 합니다. 하지만 전력 회사에서는 1시간, 1분, 1초도 우리나라 전체 전력 사용량이 얼마나 될지를 정확히 예상할 수 없습니다. 따라서 항상 예상되는 수요보다 많은 양의 전기를 생산해야 하지요. 이렇게 소비되는 전기와 생산하는 전기의 비율을 '전력 예비율'이라고 합니다. 이 예비율은 보통 10퍼센트 이상으로 유지됩니다. 생산된 전기의 10퍼센트 이상이 버려지는 것이지요.

'설비 예비율'이라는 것도 있습니다. 우리나라는 통상 여름에 전력 소비량이 가장 많습니다. 그런데 전기는 저장할 수 없으니 소비량이 가장 많을 때를 기준으로 발전소를 세워야겠지요. 매년 늘어나는 전기 소비량도 대비해야 합니다. 보통 발전소 하나를 건설하는 데 최초 기획 단계부터 완공까지 10년은 걸리니 여유를 좀 둬야 합니다. 거기다 발전소 몇 곳이 고장이 날 수 있으니 더 여유를 두고요. 그러다 보니 전기 사용량이 적을 때는

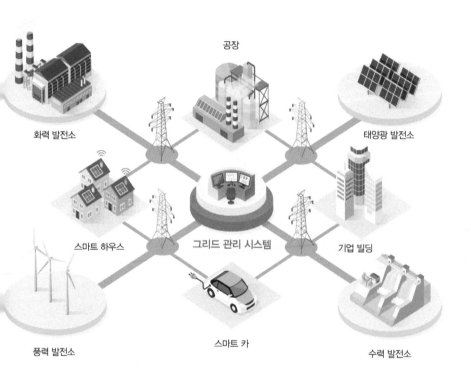

공장

화력 발전소

태양광 발전소

스마트 하우스

그리드 관리 시스템

기업 빌딩

풍력 발전소

스마트 카

수력 발전소

아예 발전을 중단하는 발전소가 많습니다. 이 비율을 설비 예비율이라고 하지요. 물론 만약의 사태에 대비하는 것이긴 하지만 이 과정에서 생기는 낭비는 경제적·환경적 손실이 될 수밖에 없습니다.

스마트 그리드가 중요한 것은 바로 이 지점입니다. 전력 사용량이 절정일 때 쓰는 전력량을 낮출 수 있다면 앞으로 전체 전력 소비량이 늘어도 발전소를 덜 지어도 되는 것이지요. 예를 들면 전력 소모가 밤에는 50, 낮에는 80, 오후 2~4시 사이에는 100이라고 합시다. 그럼 우리나라 발전소의 총규모는 최소한 100만큼의 전력을 생산할 수 있어야 합니다. 여기에 만약의 경우를 대비하면 120 정도의 총 전력 생산력을 갖추고 있어야 하지요. 또 앞으로 전력 소모가 늘어날 것을 생각하면 130 정도의 생산력을 가져야 합니다. 그런데 앞서 이야기한 ESS와 스마트 그리드를 이용해 전력 소모가 가장 심할 때의 소비량을 80 정도로 줄이고 대신 밤 시간대의 전력 소모를 60~70 정도로 늘리면, 총 전력 생산력을 110 정도로만 유지해도 됩니다.

그렇다면 스마트 그리드는 어떻게 피크 타임의 전력 사용량을 줄이는 걸까요? 아직 우리나라에는 도입되지 않았지만 미국의 스마트 그리드 사례를 보면 그 답이 있습니다. 스마트 그리드의 말단에는 스마트 계량기가 있습니다. 이 계량기는 단순히 전기 사용량을 실시간으로 확인해서 전달할 뿐만 아니라 그 전기를 사용하는 각종 전기 기구를 제어하기도 합니다. 가령 여름철 전력 사용량이 급증할 때 스마트 계량기는 집에서 가동 중인 에어컨을 잠시 껐다가 다시 켭니다. 또 전등 밝기를 낮추기도 합니다. 이렇게 각 가정에 설치된 스마트 계량기가 각각의 전력 소모량을 줄이지요. 물론 그 집에 사는 사람들의 동의를 받는 것은 필수입니다.

핵융합 발전은
게임 체인저가 될 수 있을까?

게임 체인저는 대세나 판도의 흐름을 바꾸는 역할이나 서비스, 제품을 말합니다. 핵융합 발전은 전기를 만드는 발전 산업에서 이 역할을 할 수 있다고 여겨집니다.

핵융합 발전은 중수소나 삼중 수소의 원자핵이 융합해 헬륨 원자핵이 될 때 발생하는 에너지를 이용해 전기를 만드는 장치입니다. 원래 수소는 원자핵에 양성자 하나만 있는 원소인데 거기에 중성자가 하나 더 있으면 중수소, 중성자가 둘 더 있으면 삼중 수소라고 하지요. 중수소나 삼중 수소로 핵융합을 하는 것이 원래의 수소로 하는 것보다 쉬워서 이들을 재료로 삼습니다. 태양이 빛과 열을 만드는 방법이기도 해서 '작은 태양'이라 표현하기도 하지요. 다만 태양의 경우에는 중심부의 압력이 워낙 높아 약 1천만 도에서도 핵융합이 일어나지만, 지구처럼 압력이 낮은 곳에서는 약 1억 도의 온도가 되어야 핵융합을 할 수 있습니다.

핵융합 발전 연구는 우리나라가 가장 앞서는 분야이기도 합니다. 현재 우리나라 기술로는 1억 도를 약 30초간 유지할 수 있는데 300초 이상으로 늘리면 상용화가 가능하다고 합니다. 우리나라 과학자들의 목표는 2045년에 실제 사용할 수 있는 핵융합 발전소를 만드는 것입니다.

전 세계적으로 공동 연구도 진행 중입니다. 현재 미국·러시아·중국·인도·일본·유럽 연합과 한국이 참여한 국제 핵융합 실험로ITER라는 장치를 프랑스에 짓고 있는데요. ITER을 짓는 과

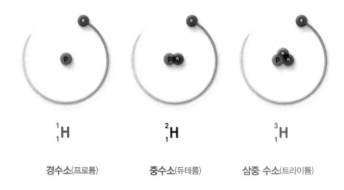

$^{1}_{1}H$

$^{2}_{1}H$

$^{3}_{1}H$

경수소(프로튬)

중수소(듀테륨)

삼중 수소(트라이튬)

• 중성자의 개수에 따른 수소 동위 원소 •

정에서 한국이 핵심적인 역할을 하고 있지요. 우리로서는 여러 모로 관심과 기대가 큰 분야입니다.

핵융합이 지금의 핵 발전과 다른 점은 크게 두 가지입니다. 하나는 연료입니다. 핵 발전은 연료로 우라늄을 농축해 사용합니다. 우라늄은 가만히 놔둬도 저절로 핵분열을 하는 방사능 물질입니다. 그래서 우라늄 핵연료봉은 핵 발전이 끝나도 어마어마한 방사능을 계속 배출합니다. 이 과정에서 굉장히 뜨거워지기도 하죠.

그래서 폐연료봉은 매우 위험하며 보관하기도 어렵습니다.

전 세계에서 우라늄 폐연료봉을 저장할 고준위 방사능 폐기물 저장소를 설치한 곳은 핀란드가 유일한데요. 우리나라도 아직 폐기물 저장소를 짓지 못해 발전소 옆의 임시 저장고에 보관하고 있습니다. 대단히 위험한 물건이다 보니 사람들이 사는 곳 주변은 절대 안 되고요. 게다가 수만 년 이상을 보관해야 하니 지진 위험이 큰 지역도 안 됩니다. 또 바닷물에 의한 부식 위험이 있어 해안가나 무인도도 제외되죠. 안정된 지질 구조를 가진 지역을 찾기 어려워 마땅히 지을 만한 장소가 없는 상황입니다.

하지만 핵융합 발전 연료는 중수소나 삼중 수소, 리튬 등으로, 이들은 방사능이 나오지 않거나 나와도 짧은 시간 동안만 나오기 때문에 사용한 뒤 처리하는 데 아무런 어려움이 없습니다. 물론 발전 과정에서 중저준위 폐기물은 나오지만 이 정도는 철저히 관리하면 큰 문제가 되지 않아요.

두 번째로 핵 발전은 사고 위험성이 큽니다. 기본적으로 우라늄을 농축해서 만든 연료봉은 계속 방사선과 에너지를 내뿜습니다. 그래서 발전 과정에서 이를 적절히 컨트롤하는 것이 중요하지요. 전기를 생산하지 않고 정지해 있을 때도 계속 열과 방

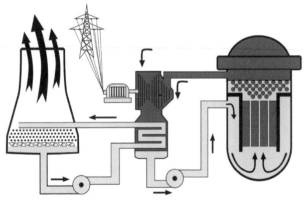

· 벨기에의 원자력 발전소(위)와 원자력 발전 시스템(아래) ·

사선을 내놓기 때문에 이를 반드시 제어해야 합니다. 그렇지 않으면 계속 온도가 올라가고 마침내는 핵폭탄처럼 폭발하게 될 테니까요.

후쿠시마 발전소 사고도 이런 제어가 되지 않아서 일어난 일이었습니다. 비유하자면 끌 수 없는 불이 계속 타고 있고, 이 불이 너무 커지지 않도록 계속 감시하지 않으면 터지는 것입니다. 감시만 잘 한다면 그 자체로는 안전한 편입니다.

반면 핵융합 발전은 1억 도의 온도를 유지해야만 발전이 가능합니다. 문제가 발생해서 온도가 낮아지면 그냥 꺼지고 맙니다. 따라서 사고가 난다고 폭발한다거나 방사능 물질이 막 새어 나오는 식의 문제가 발생하지는 않습니다.

핵융합 발전의 장점은 또 있습니다. 이산화탄소가 발생하지 않는다는 점입니다. 또 환경에 따라 발전량이 차이 나는 태양광이나 풍력에 비해 핵융합은 인간이 발전량을 조절할 수 있고 안정적이기도 합니다. 그래서 기후 위기에 대처할 수 있는 최후의 대안이라는 낙관론이 나오기도 하지요.

하지만 문제가 되는 기후 위기는 바로 눈앞에 닥쳐와 있습니다. 핵융합 발전이 성공하기까지는 아직 갈 길이 멀고요. 당장

2030년, 2040년이 되면 기후 위기로 끔찍한 재앙이 닥칠 거라고 예상하며, 2050년까지는 무슨 일이 있어도 이산화탄소 배출량을 제로로 만들자고들 하는데, 핵융합 발전은 2045년에야 겨우 상용화가 가능하니까요. 더구나 이는 단지 예상일 뿐이고 실제로 상용화 시기는 더 늦어질 수 있습니다.

그래서 핵융합 발전 연구는 계속하더라도 재생 에너지를 이용한 발전 비율을 더 빠르게 높여야 합니다. 또 우리나라를 비롯한 전 세계에서 전기 사용량이 계속 늘어나니 재생 에너지 발전 비율을 높이는 것만으로는 기후 위기를 대처하기가 힘듭니다. 되도록 전기를 덜 쓰는 방법을 연구해야만 하지요.

물론 많은 공학자가 전기 효율을 높이기 위해 노력하고 있고 이는 특히 반도체 분야에서 두드러지게 나타납니다. 컴퓨터를 예로 들자면, 1990년대에 비해 현재 개인용 컴퓨터는 성능이 수백 배 높아졌지만 사용하는 전기 에너지 양은 고작 두세 배 더 늘었을 뿐입니다. 휴대폰도 2000년대와 현재를 비교하면 몇십 배 성능이 좋아졌지만 전기 에너지 사용량은 서너 배 늘어났고요. 컴퓨터나 휴대폰에 쓰이는 다양한 반도체가 같은 성능에 비해 훨씬 적은 전기를 사용하기 때문에 가능한 일이지요.

　가전제품도 마찬가지로 에너지 효율을 높이는 것이 중요합니다. 냉장고만 보더라도 예전보다 덩치가 커지고 가짓수도 많아졌습니다. 그러니 가전제품이 이전처럼 전기를 사용하면 전기 요금 부담이 커지고 환경에도 나쁜 영향을 끼칠 수밖에 없지요. 요즘 냉장고나 세탁기 등을 보면 에너지 효율 등급을 확인할 수 있는 표시가 있습니다. 법으로 정해진 사항이기도 하고, 자사 제품이 전기를 덜 쓴다는 걸 나타내려는 홍보 전략이기도 합니다. 이제 어떤 제품을 설계하고 만들든지 에너지 효율을 최우선적으로 생각하지 않을 수 없겠지요.

친환경 에너지가
해결할 수 없는 문제들

　친환경 전기 에너지를 개발하면 모든 문제가 끝날까요? 지금으로부터 50년 전과 비교하면 가정에서 사용하는 전자 제품 수가 폭발적으로 늘었습니다. 게다가 성능과 크기도 눈에 띄게 업

그레이드되었지요. 예전에는 세탁기나 냉장고, 텔레비전, 선풍기 정도가 가전제품의 전부였어요. 그런데 이제 컴퓨터, 헤어드라이어, 김치냉장고, 건조기, 공기 청정기, 에어 프라이어, 스타일러 등 다양한 가전제품을 사용하지요. 그러니 이들 제품 하나하나의 전력 효율이 좋아도 전체 사용량은 늘 수밖에 없습니다. 이는 사회 전체로 봐도 마찬가지입니다.

소득이 늘수록 비용이 조금 더 들더라도 편리하게 사용할 수 있는 제품을 들이겠지요. 그래서 제품 하나하나의 전기 사용량은 성능에 비해 더 적게 들어가지만 전체적으로 한 사람이 사용하는 전기 소모량은 늘어나고 있습니다. 앞으로도 계속 일인당 전기 사용이 늘어난다면 아무리 친환경 발전을 한다고 하더라도 한계가 있겠지요.

전기의 불평등 문제도 생각해 봐야 합니다. 아시다시피 태양광 발전은 그 자체로 대단히 친환경적입니다. 더구나 각 가정이 자신의 집 지붕이나 베란다에 설치하는 태양광은 국토가 좁은 우리나라에서 필수적이기까지 합니다. 그러나 현재 우리나라 정책으로는 자기 집을 소유하고 있거나 소유자의 동의를 받아야 합니다. 또 불법 건축물에 설치할 수 없습니다.

태양광 패널을 설치하면 이산화탄소 발생량을 줄이는 데 기여한다는 자부심과 함께 실제 전기 요금이 줄어드는 경제 효과도 있습니다. 그런데 전기 요금을 줄여야 할 필요성은 가난한 이들에게 더 절실하지요. 가난한 이들 중 집을 소유한 사람들은 농촌 지역이 대부분입니다. 도시에서는 저소득층을 포함한 대부분이 전세나 월세에 살고요. 이런 사람들에겐 태양광 패널 설치는 먼 나라 이야기입니다.

우리는 전자 제품을 사용함으로써 이전보다 편리한 생활을 하고 있습니다. 그러나 이런 편리함은 소득 수준에 따라 달라집니다. 성능이 좋아지는 만큼 가격도 올라가지요. 그리고 통신 요금이나 전기 요금 등 매달 지불해야 할 비용도 늘어날 테고요. 이를 감당하기 힘든 이들은 편리함을 포기할 수밖에 없습니다. 여름철 한낮에, 전기 사용량이 많아졌다고 해서 그 시간대 전기 요금이 오르면, 에어컨을 끄는 건 부자가 아니라 상대적으로 가난한 사람이 될 것입니다.

이런 문제를 공학으로 해결할 수는 없습니다. 물론 공학의 발전 덕분에 더 저렴한 방식으로 전기를 생산할 수 있게 되면 전기 요금이 내려갈 수 있습니다. 그러나 거기에만 의존하면 안

되겠지요. 공학과 사회가 만나는 지점에는 이처럼 공학으로만 해결할 수 없는 문제가 여러 가지 있어요. 공학 자체도 충분히 매력적이지만 우리가 그 주변을 살펴야 하는 이유입니다.

미래 전기에
필요한 분야는 무엇일까?

미래 전기 산업에 필요한 공학 기술은 다양합니다. 기존 전기공학에 재생 에너지 분야 발전 기기 제작에 필요한 기계공학과 재료공학 그리고 스마트 그리드를 갖추는 데 핵심인 소프트웨어공학이 필수이지요. 또 재생 에너지의 효율적 이용을 가능하게 할 지구시스템공학이 필요합니다.

■ 전기공학

전기공학이 기본 분야임에는 변함없습니다. 발전과 송전 및 배전 등 전기 공급과 관련된 영역을 연구하고, 문제점을 파악하고 해결하는 것이 전기공학의 기본 영역입니다. 그 외에도 발전기나 전동기, 변압기, 인버터나 컨버터 같은 필수 전기 기기에 대한 연구도 전기공학에서 담당하지요.

■ 기계공학

풍력 발전의 경우 발전기의 날개를 어떻게 디자인하는가에 따라 발전량이 가장 높은 바람의 세기가 결정되고, 견딜 수 있는 바람의 세기도 달라집니다. 이는 기계 디자인에 해당하는 분야입니다. 또 전력을 생산하고 공급하는 과정에서 필요한 각종 기계 설비는 모두 기계공학의 영역이기도 하지요.

▪ 재료공학

태양광 발전에서는 발전 효율이 높은 소재를 개발하는 것과 함께 배터리 역시 더 오래 견디고 폭발 위험이 적으며, 저장 가능한 전력량이 높은 소재를 개발하는 것이 중요합니다. 이는 재료공학이 담당할 분야이지요. 이 외에도 전선의 소재, 전선을 감싸는 유리나 고무 등 절연체의 소재 등도 재료공학에서 연구할 분야입니다.

▪ 소프트웨어공학

스마트 그리드를 구성하기 위해서는 전력망 구조를 설계하는 일과 인공 지능을 통해 제어하는 일이 중요합니다. 이를 위해선 소프트웨어공학의 힘이 필요합니다. 스마트 그리드뿐만 아니라 그 하부 단위가 될 마이크로 그리드도 사람이 직접 제어하기보다는 인공 지능에 의한 제어가 선호될 것입니다.

▪ 지구시스템공학

태양광이나 풍력 등 재생 에너지를 효율적으로 확보하기 위해서는 다양한 측면을 고려해야 합니다. 그중 대기 상태를 분석하고 최적의 입지를 구축하기 위해서는 지구 환경에 대한 이해가 필수입니다. 바람의 질과 계절에 따라 변하는 일조량을 파악하는 것, 해류의 흐름과 바다 기상 상태를 분석하는 일 등은 지구시스템공학의 영역입니다.

4

스마트 시티 × 미래

스마트 설계, 우리 도시를 부탁해

아프리카 수단에 파견 나간 최대한의 업무는 신도시의 스마트 도로 설계입니다. 수단의 사바나 지역에 대규모 태양광 발전 단지와 산업 시설이 들어서면서 그곳에서 일하는 노동자들을 위한 신도시도 필요해졌지요. 신도시 건설을 한국 건설사가 맡게 되면서 스마트 도로 설계 및 시공을 대한이가 다니는 회사에서 계약하게 된 것입니다.

새로운 도시는 수단에 건설되기 전에 컴퓨터상에서 먼저 건설됩니다. 이른바 디지털 트윈Digital Twin인데요. 기본 개념 설계가 이루어지고 도시 내 구획이 정해지면 이제 최대한과 동료들의 역할이 필요합니다. 구역별로 얼마나 많은 사람이 움직이는지를 시간대별로 시뮬레이션해야 하지요. 그리고 주요 길목이 되는 간선 도로를 배치하고 트램 노선을 정합니다. 각 건물 주차장과 공용 주차장에 필요한 기본 면적도 계산하고요.

그다음은 스마트 시설 배치와 네트워크 구성이 필요합니다. 도로의 가로등마다 이미지 센서가 달리고, 교통 표지판에도 센서가 부착됩니다. 도로에는 전기 자동차 충전을 위한 무선 충전 시스템이 깔리는데, 여기에도 센서가 부착되어 실시간으로 상황을 파악하게 됩니다. 이 모두를 총괄할 교통 센터도 배치해야 하고요. 모든 통신은 기본적으로 무선이며 6G 이동 통신망은 도로 전체에 빼곡하게 깔려 도로를 지나는 자율 주행 차량과 실시간으로 정보를 주고받게 됩니다. 주차장에도 센서가 부착되고, 도시 전체 주차를 관리하는 주차 정보 시스템이 중앙 교통 센터의 컴퓨터와 연결되어 차량의 주차 상황을 실시간으로 파악합니다.

중앙 교통 센터는 119 센터와 교통경찰, 도로 정비팀 등의 네트워크와도 연계되어 도로에서 일어나는 다양한 사고를 예방하고, 일어난 사건을 처리하게 됩니다. 수단의 경우 자율 주행 자동차가 대규모로 보급되면서 사람과 차량, 혹은 차량과 차량 사이의 사고는 거의 없지만 야생 동물이 도로에 나타나는 경우가 빈번해 다른 나라에 비해 로드킬 비율이 높은 것도 고려해야 합니다.

컴퓨터에서 시뮬레이션 중인 신도시 교통 상황은 수천 시간 동안 다양하게 변합니다. 홍수, 폭염, 혹한, 폭풍 등 다양한 기후 상황뿐만 아니라 주말, 주중,

아침과 저녁 등 시간대에 따라서도 어떤 상황이 발생하는지를 파악합니다. 때로는 시위나 도로 주변의 화재 및 지진으로 인한 도로 파손 상황도 시뮬레이션을 통해 미리 확인하지요.

이 과정에서 전체 스마트 도로를 관장하는 인공 지능은 끊임없이 여러 상황을 학습하면서 더 나은 대처 방법을 강구합니다. 이러한 인공 지능의 학습 과정도 면밀히 파악해야 하지요. 벌써 석 달째, 지겨워질 만도 하지만 새로운 상황에서 인공 지능의 대처가 어떤지를 살피다 보면 대한이는 조급해집니다. 컴퓨터상의 일이라고는 하지만 가상 현실을 통해 눈앞에 실제 상황처럼 펼쳐져 있기 때문이지요.

지금의 도시는 어떤 역할을 할까?

그렇다면 오늘날의 도시는 어떨까요? 우리나라 사람 중 75퍼센트는 도시에 삽니다. 도시 외 농촌이나 산지 그리고 해안가에 거주하는 인구수는 점점 줄어들고 있지요. 여러분이 어른이 되었을 때는 아마 다섯 명 중 네 명 이상이 도시에 살게 될 것입니다.

이렇게 도시에 사는 사람들이 많아지면서 도시의 역할과 기능도 복잡해집니다. 시민들이 안전하고 쾌적하게 살아가기 위해 도시가 갖추어야 할 기본적인 요소로는 무엇이 있을까요? 우리가 사는 집을 살펴보면 중요한 기능을 파악할 수 있습니다.

우리 집에 전기가 들어오지 않는 상황은 상상하기도 싫지요. 일단 전기가 필요합니다. 그리고 수도가 끊겨 물이 나오지 않는 집도 상상되지 않지요. 수도 시설도 도시가 갖추어야 할 기본 설비입니다. 라면 하나를 끓이더라도 가스레인지가 있어야 하고요. 또 겨울에 따뜻하게 지내려면 보일러도 돌아가야 합니다. 수도꼭지를 틀면 나오는 온수를 당연하게 여기는 만큼 우리 대부분은 가정에서 도시가스를 사용하고 있지요. 여러분이 중앙 공급식 난방이 되는 아파트에 산다면 파이프를 타고 뜨거운 물이 각 집으로 전해질 거예요. 마지막으로 샤워나 설거지를 하면서 사용한 물은 배관을 타고 하수도로 흘러갑니다.

이렇게 도시는 각 가정에 사는 이들의 편리성을 위해 전기, 가스, 상하수도, 열을 기본적으로 공급하는 시스템을 구축하고 있습니다. 또 가정이나 빌딩, 공장 등에서 만들어지는 각종 폐기물을 처리하는 것도 도시의 중요한 역할입니다. 더불어 도로와 공공장소의 환경을 깨끗하게 유지하는 일도 중요하지요. 여러분은 매일 일정 시간대에 환경미화원들이 거리의 쓰레기를 치우고 도로를 청소하는 모습을 봤을 거예요. 도시 환경이 쾌적하도록 가로수를 관리하고, 공원을 꾸미고, 공공시설을 확충하는 것도 도시의 역할입니다.

교통을 위한 여건을 만드는 것도 도시의 역할입니다. 도시의 여러 구역을 오가는 사람들이 편리하고 가능한 한 적은 시간을 들여 목적지에 도착하도록 교통 체계를 잡아야 하지요. 지하철이나 경전철은 어떤 노선을 따라 지어야 효율적인지, 역은 어디에 세우는 게 좋은지, 도로는 어느 정도의 폭으로 만들어야 하는지를 구상해야 합니다.

각종 사고와 범죄를 예방하고 일어난 일들을 수습하는 것도 필요합니다. 초등학교 앞에는 자동차 속도를 낮춰서 운행하도록 법과 규칙을 만들고 표지판을 설치합니다. 등하교 시간에는 자원봉사자와 경찰이 어린이를 보호합니다. 범죄가 자주 일어나는 지역 주변에는 CCTV를 달고 더 자주 순찰을 돌며, 교통사고가 잦은 지점은 원인을 찾고 경고판을 부착합니다.

도시는 도시민들의 쾌적한 삶을 위한 공간이기도 합니다. 이를 위해서 도시 곳곳에 시민들이 쉴 수 있는 공원을 만들고, 다양한 문화를 즐길 수 있도록 박물관과 미술관, 공연장 등을 세우지요. 시민들의 복지도 큰일 중 하나입니다. 주민 센터와 구청, 시청에서 시민들의 각종 요구와 불편을 해소하기 위해 노력하고 소외되지 않도록 보살피는 것도 중요한 역할입니다.

친환경
도시가 되려면?

쾌적한 삶을 위한 미래 도시의 첫 번째 과제는 '환경'입니다. 전 세계를 위협하는 기후 위기를 극복하는 일은 농촌은 물론 도시도 예외 없이 풀어 가야 합니다. 도시의 가장 큰 문제는 건물인데요. 우리나라 이산화탄소 발생량의 20퍼센트는 건물에서 발생합니다. 그중에서도 냉방과 난방의 영향이 크지요. 냉방을 위한 에어컨과 난방을 위한 가스보일러가 내뿜는 이산화탄소가 건물에서 배출하는 이산화탄소의 대부분을 차지하니까요. 그다음으로는 엘리베이터와 조명입니다. 주택보다는 공공건물, 사무

용이나 상가 빌딩 등에서 쓰는 에너지가 훨씬 더 많습니다.

이를 줄이기 위해 무엇보다 중요한 건 단열 시공입니다. 앞으로 지어질 건물은 기존 건물보다 단열 효율이 훨씬 높도록 법과 규정이 바뀝니다. 그리고 공공건물의 경우 지붕이나 주차장 등에 태양광 발전 시설을 설치하고 도로, 공원 등의 도시 내 다양한 공유지에도 태양광 발전 시설이 설치될 예정입니다.

앞서 이야기했듯이 전기 에너지 저장 장치인 ESS 설치도 대형 건물에는 의무화될 것으로 보입니다. ESS를 통해 전력 수요가 적은 심야에 전기를 저장하거나, 태양광 발전량이 건물 내 사용량보다 높을 시 저장해 두었다가 수요가 많을 때 사용하는 것이지요.

하지만 아파트나 일반 주택의 경우 개인이 ESS를 설치하기는 어렵습니다. 비용도 비싸고 관리도 쉽지가 않지요. 그래서 도시가 나서서 각 지역마다 거점 ESS를 구축할 것입니다. 송배전망을 통해 전기를 저장했다가 공급하는 시설이 생기는 거예요. 이렇게 되면 동 하나마다 ESS가 설치되고 이를 중심으로 주변 아파트와 건물들이 작은 규모의 전력망을 구성하는 마이크로 그리드가 만들어집니다.

1		한국
2		벨기에
3		스페인
4		일본
5		미국

• 출처 OECD •

두 번째로 물의 사용 역시 중요한데요. 원래 도시는 사람들이 많이 모여 사는 곳이고 그만큼 많은 물을 소비할 수밖에 없습니다. 수도권 지역의 대부분은 한강의 물을 끌어다 수돗물로 사용합니다. 부산과 김해, 대구 등 영남권 도시에서는 낙동강을 상수원으로 두고 있으며 나머지 도시 대부분도 지역의 큰 강이 상수원이 됩니다. 국제인구행동연구소에 따르면, 우리나라는 비교적 강수량이 많은 지역이지만 좁은 국토에 많은 사람이 살다 보니 물 부족 국가에 해당됩니다. 2050년 한국은 OECD 국가 중 물 스트레스 1위 국가가 될 거라고도 하지요. 따라서 미래 도시에서는 물 관리가 대단히 중요해집니다.

서울 도심을 가로지르는 청계천을 따라 걸어 본 적이 있나요? 청계천은 지표면으로 나와 있지만 사실 지하수입니다. 서울에는 10개가 넘는 지하철 노선이 있는데요. 건설이나 공사 등을 하기 위해 땅속을 파다 보면 지하수가 나옵니다. 이런 장소에서 발생하는 지하수를 모아 흐르도록 한 것이 바로 청계천이지요. 앞으로 도시는 점점 더 지하 공간을 확장하게 될 것입니다. 지하철을 필두로 지하도, 지하 광장 등이 계속 들어설 거예요. 그에 따라 이런 공간에서 분출하는 지하수를 어떻게 이용할지가 앞으로 중요한 문제가 될 것입니다.

산이나 들에 비가 오면 빗물은 대부분 땅속으로 스며듭니다. 이 빗물은 나무가 빨아들이기도 하고 지하수가 되기도 합니다. 하지만 도시의 경우 아스팔트와 인도의 보도블록, 콘크리트 등으로 인해 빗물이 땅속으로 스며들기 힘들어요. 그래서 대부분 하수도를 통해 강으로 빠져나가고 맙니다. 그렇지 않아도 부족한 물인데 비가 많이 올 때 저장할 방법이 없을까요? 그래서 건물마다 빗물을 저장하는 공간을 만들고 도로나 인도에서 물이 아래로 스며들 수 있도록 하는 새로운 공법을 개발하고 있습니다. 녹지를 최대한 넓히는 것도 빗물을 저장하는 데 유용하지요.

큰 빌딩에서는 중수도 활용도 중요합니다. 중수도는 무엇일까요? 일반적으로 상수도는 우리가 마실 수 있는 깨끗한 물을 공급하는 시설이고, 하수도는 우리가 사용한 물을 내보내는 시설입니다. 중수도는 이 중간쯤 되는 개념입니다. 건물에서 사용한 물에서 심하게 오염되지 않은 물이나 빗물 등을 받아 저장해 두었다가 필터로 걸러서 허드렛물로 쓰지요. 이렇게 되면 청소에는 수돗물을 사용하지 않아도 되니 물 사용량이 줄어듭니다. 또 주변에 공업 단지가 있을 경우 공업용수로 공급하는 것도 좋은 활용법이 됩니다.

마지막 과제는 대기 오염을 줄이는 것입니다. 도시 대기 오염에 지대한 영향을 끼치는 것은 아무래도 차량인데요. 차량의 배기가스도 문제가 되지만 더 심각한 것은 타이어가 마모될 때 발생하는 물질이지요. 배기가스는 내연 기관 자동차가 전기 자동차로 대체되면서 자연스레 줄어들게 되는데 타이어는 그렇지 않습니다. 이런 대기 오염 문제를 해결하려면 일단 차량 운행량이 줄어야 합니다. 이를 위해서 사람들이 가능한 한 대중교통을 이용하도록 유도하는 정책이 필요하지요. 또 도심지 일부 구간에는 차가 다니지 못하도록 통제해야 합니다. 그렇다고 시민들이 움직이는 데 불편함을 느끼면 안 되겠지요. 편리함과 쾌적함 사이에서 적절히 조율해 대중교통 인프라를 강화하고, 자전거나 보행자 전용 도로를 확보할 수 있도록 교통 설계를 해야 합니다.

스스로 생각하고
움직이는 도시

전문가들이 예상하는 미래 도시는 여러 기능이 인공 지능으로 관리되는 스마트 시티입니다. CCTV의 지능화가 대표적이지요. 가령 늦은 밤 사람이 잘 다니지 않는 골목에서 폭행 사건이 일어납니다. 꽤 심각한 부상을 입은 피해자는 그만 의식을 잃고 쓰러지고 맙니다. 이때 주변에 다른 사람이 지나가다가 신고하지 않으면 피해자가 그 골목에 쓰러져 있다는 사실을 알 방법이 없습니다. 피라도 많이 흘리면 과다 출혈로 죽을 수도 있는 상황이지요. 주변에 CCTV가 있다고 해도 그저 촬영해서 저장해

둘 뿐이니까요. 하지만 CCTV가 인공 지능과 연결되면 다른 상황이 펼쳐집니다. 인공 지능이 CCTV 영상을 확인하다가 폭행 사실을 발견하면 즉시 이 영상을 경찰과 119 상황실로 전송합니다. 경찰은 폭행 영상을 보고 바로 출동하겠지요. 119도 마찬가지입니다. 일단 피해자는 현장에 출동한 구급 대원들에게 긴급 조치를 받은 뒤 바로 병원으로 이송됩니다. 죽을 수도 있었던 사람이 무사히 치료를 받게 되지요. 경찰은 곧바로 인공 지능에 요청해서 주변 CCTV를 통해 범인이 어디로 도망갔는지도 파악합니다. 범인 검거가 발 빠르게 이루어지겠지요.

다른 예시를 볼까요? 현재 우리나라는 고령화 사회입니다. 나이 든 인구가 많지요. 특히 65세 이상의 노인 중 4분의 3은 부부만 둘이 살거나 혼자 삽니다. 앞으로도 고령화가 진행되면 도시에 사는 노인 가구가 더 늘어나게 될 것입니다. 노인들은 셋 중 한 명이 장애인일 만큼 거동이 불편한 사람이 많지요. 이들을 위한 대책 마련도 도시의 역할입니다.

앞으로 노인들에게는 스마트 밴드가 지급될 것입니다. 스마트 밴드는 이들의 혈압과 혈중 산소 농도, 혈중 인슐린 농도, 심장 박동 수 등을 매일같이 확인해서 주치의에게 전달하지요. 이 같은 일상적인 체크를 통해 노년층의 건강을 관리하는 거예요. 노인들의 집에는 각종 센서도 부착됩니다. 실내 온도를 측정하고, 도시가스 누출도 감지하지요. 스마트 밴드와 센서를 통해 노인이 갑자기 쓰러지거나 의식 불명 상태가 되는 걸 파악하면 즉시 행정 복지 센터와 119 그리고 주치의에게 상황을 알립니다. 센터의 노인 복지 담당자와 주치의, 119가 출동하게 되지요. 119와 주치의는 노인의 상태를 확인하고, 노인 복지 담당자는 노인의 가족에게 상황을 알립니다.

도시의 역할 중 또 하나는 노인과 장애인의 이동권을 보장하는 것입니다. 여러분은 저상 버스가 운행되는 걸 본 적이 있을 텐데요. 전동 휠체어를 탄 승객이 오르내릴 수 있는 버스로, 출입구에 계단이 없어요. 또 지하철역마다 엘리베이터가 설치된 이유도 노약자와 장애인의 이동을 위한 것입니다. 최근에는 산에 '무장애 숲길'이라고 하는 완만한 경사로가 있어 전동 휠체어를 타고 산을 올라갈 수도 있습니다.

하지만 도시에는 여전히 장애인이나 노약자가 다닐 수 없는 곳도 많습니다. 대표적인 예가 박물관입니다. 서울 덕수궁의 국립현대미술관은 오래전에 지어진 건물로 계단을 통하지 않고는 들어갈 수 없는 구조입니다. 장애인은 접근하기 힘든 공간이지요. 그리고 많은 건물이 입구에 턱이나 계단이 있어서 장애인이 드나들기 어렵습니다. 또한 장애인을 위한 전용 콜택시도 있지만 대수가 얼마 되지 않아 이용하기 쉽지 않습니다.

미래 도시는 장애인이나 노약자가 원하는 곳으로 이동하는 일이 힘겹지 않은 도시가 되어야 합니다. 이를 위해선 건물을 지을 때 장애인이 어느 곳이든 다닐 수 있도록 설계해야 하죠. 특히 공공건물은 시각 장애인과 청각 장애인, 지체 장애인 들이

원만하게 다닐 수 있도록 지어져야 합니다. 각종 교통 시설도 마찬가지입니다. 버스나 지하철뿐만 아니라 보행자를 위한 인도도 현재로서는 장애인이 다니기에 불편하거나 아예 불가능한 곳이 많아요.

10~20년 뒤에는 자율 주행 자동차가 대세가 될 텐데요. 그러나 자율 주행은 차 한 대만으로 완성되지 않습니다. 주변 사물과의 끊임없는 소통이 자율 주행의 핵심이기 때문이죠. 또 이

동하는 과정에서 어느 구간에서 갑자기 시위가 시작되거나 교통사고가 일어나는 등의 각종 돌발 상황도 교통관제 센터와 연락을 취해 미리 대비해야 합니다. 목적지에 도착한 뒤에 자율 주행 자동차는 스스로 주차장을 찾아갑니다. 이를 위해서는 도시의 주차 시스템과 인터넷으로 연결되어 있어야겠지요. 자율 주행 자동차 한 대가 움직인다는 것은 이렇듯 도시와 끊임없이 정보를 주고받는 일이기도 합니다.

미래 도시의 또 다른 모습은 에너지 자립 도시가 되는 것입니다. 기후 위기 시대에 도시가 쓰는 에너지는 도시 스스로 확보하는 것이지요. 이를 위해 두 가지가 요구됩니다. 우선 도시 스스로 재생 에너지를 확보하는 것입니다. 시청이나 구청, 주민 센터 등 공공건물과 자전거 도로, 주차장, 공원 등 도시 내 다양한 장소에서 태양광 발전을 하게 됩니다.

이때 기억해야 할 것은 에너지 절약입니다. 단순히 새로운 대체 에너지를 발견하는 것뿐만 아니라 기존의 에너지 사용을 줄이는 것이 중요하니까요. 이를 위해 공공건물이나 신축 건물은 에너지 제로 건물이 됩니다. 냉방과 난방에 드는 에너지를 최소화하는 것이지요.

또 대중교통 시스템을 강화해서 시민들이 대중교통을 이용하면 차량 운행에 따른 에너지도 줄어듭니다. 이와 함께 자전거 친화적인 도시 시스템을 만드는 것도 중요합니다. 예를 들어 우리나라는 자전거와 보행자 겸용인 도로가 많은데요. 이를 완전히 분리해 시민들이 안전하게 걷고 자전거 타기에 편하도록 환경이 조성되면, 자동차 이용률이 줄어드니 자연히 도시 전체의 에너지 소모량도 줄어들게 됩니다.

스마트 시티가 해결해 나가야 할 문제들

도시에는 수많은 사람이 뒤섞여 살아갑니다. 연령과 직업, 고향도 서로 다른 다양한 사람이 모여 살아가지요.

하지만 도시에서 이들은 소득에 따라 사는 곳이 달라집니다. 부유한 사람들이 사는 곳은 편의 시설과의 거리도 가깝고 교통 접근성도 좋습니다. 이런 지역은 비싼 부동산 가격을 감당할 수 있는 이들만 모여들기 때문이지요. 반면 가난한 사람들은 부동산 가격이 낮은 지역에 주로 살게 됩니다. 가난한 사람들이 사는 곳은 대개 환경 개선이나 주민을 위한 공동체 서비스가 부족한 경우가 많습니다. 지금까지 도시의 여러 행정 서비스가 부유한 사람들이 사는 곳들 위주로 이루어졌기 때문입니다. 물론 요즘은 도시 행정을 담당하는 공무원들이 소득에 따른 주거 환경의 격차를 줄이기 위해 많은 노력을 하고 있지만 아직 부족한 부분이 많습니다. 이런 도시 생활의 불평등도 계속해서 고민하고 해결해 나가야겠죠.

또 도시는 많은 사람이 거주하는 곳인 만큼 서로 간 소통이 중요합니다. 농촌의 작은 마을에서야 주민 모두 아는 사이지만, 도시에서는 한 아파트 단지에 살아도 복도에서 마주치거나 같은 엘리베이터를 타지 않으면 서로 모르는 경우가 많지요. 아파트 내 주민 모임이 있더라도 바쁜 일상에서는 커뮤니티가 형성되기 힘듭니다.

그래서 최근에는 주민들 사이의 소통을 위해 행정 복지 센터나 국공립 도서관을 개방하고 다양한 주민 자치 프로그램을 개발하는 지방 자치 단체가 전보다 더 많아졌습니다. 주민들 역시 모바일 애플리케이션(앱)을 통해 지역 정보를 받아 보고 목

소리를 내며 적극적으로 참여하고 있지요.

이렇듯 모두가 함께 행복한 스마트 시티를 만들려면, 환경 격차를 줄이고 소통을 늘리는 정책과 시민들의 노력이 앞으로도 이어져야 할 것입니다.

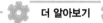

미래 도시에 필요한 분야는 무엇일까?

우리나라나 일본의 대학에는 도시공학과Urban Engineering라는 명칭이 주로 쓰입니다. 그런데 외국의 경우를 보면 대개 도시학Urbanology이나 도시계획Urban Planning 등으로 이야기합니다. 당연한 말이지만, 현대 공학은 수학과 과학 지식을 토대로 문제를 해결하는 학문입니다. 그런데 도시에서 생기는 문제 중 많은 부분이 기술적 방식만으로는 해결되지 않습니다. 시민 삶의 질을 높이는 문제에는 공학적 부분만이 아니라 사회학이나 경제학, 행정학, 인문학 등 다양한 분야가 연결되어 있기 때문이지요. 그래서 더 포괄적인 학문이 필요합니다.

그렇다고 도시공학이라는 표현 자체가 완전히 틀렸다고 볼 수는 없습니다. 도시에서 발생하는 제반 문제를 해결하기 위해선 공학적 고려가 필수이니까요. 도시공학이 토목공학에서 갈라져 나왔다는 사실이 이를 뒷받침하기도 합니다.

도시공학의 가장 중요한 부분은 도시 계획입니다. 도시의 건전한 발전과 균형 있는 정비, 시민의 삶의 질을 보장하기 위한 토지 이용, 제반 교통 시설 확충, 공원이나 도서관 같은 편의 시설 제공, 주거 지구 정비 등을 체계적으로 계획하는 일입니다. 계획이라고 해서 새로 만들어지는 도시에만 적용되는 것이 아니라 기존 도시의 문제를 해결하는 과정에서도 최우선으로 고려해야 할 사항이지요. 우리나라의 경우 법으로 20년마다 '도시군 기본 계획'을 세우고 5년마다 진행된 사항과 앞으로 진행할 사항을 점검하고 있습니다. 그리고 이 도시군 기본 계획을 토대로 '도시군 관리 계획'을 세우고 집행합니다.

도시공학은 여러 공학 분야가 연계되어 있는데요. 가장 먼저 지리학이 있습니다. 도시의 지리적 여건을 고려하는 것이 도시의 기본 계획을 세우는 데 밑바탕이 되기 때문이지요. 항구를 끼고 있는 지역인지, 내륙에 위치해 있는 지역인지, 주변 지역과의 관계는 어떻게 되는지, 도시 전체 인구는 얼마나 되고, 종사하는 직업은 주로 무엇인지, 기후는 어떤지를 고려하는 것이지요.

예를 들어 부산이라고 하면 우리나라에서 가장 큰 항구를 가지고 있다는 점이 우선적으로 고려됩니다. 또 서울에서 출발하는 KTX와 경부고속도로의 종착점이란 것도 생각해야지요. 거기에 우리나라에서 두 번째로 크고 이용객이 많은 공항도 있습니다. 이런 점은 교통 중심지로서 중요한 고려 대상이 됩니다. 그리고 일본과 가장 가깝다는 점, 남해안과 동해안이 만나는 곳에 위치해 있다는 점, 다양한 관광 자원이 있다는 점은 관광 중심지로서 어떤 발전 방향을 마련할 것인지에 대해 고민하게 합니다.

마산 창원 공업 단지와 울산 공업 단지의 중심에 있으며, 부산 내에도 꽤 규모 있는 공업 단지가 있다는 점도 고려 사항입니다. 시 자체로 보면 평야가 적고 산지가 대부분이며 서쪽 경계에 낙동강 하구가 자리 잡은 점도 특징입니다. 이렇게 한 도시의 발전 계획을 세울 때는 지리적인 면을 떼려야 뗄 수 없지요.

그다음은 토목공학입니다. 도시공학의 모태이기도 한 토목공학의 영역은 광범위하죠. 다리를 만들고, 도로나 상하수도 시설을 설치하고 항구나 공항, 공업주택 단지를 설계하고 건설할 뿐만 아니라 관리하는 것까지 모두 토목공학 분야입니다.

　무엇보다 스마트 시티로 변하는 과정에서 가장 중요한 역할을 할 학문이 소프트웨어공학이 될 것입니다. 교통망과 시설물 관리도 이제는 인공 지능을 통해 이루어지겠지요. 지방 자치 단체와 주민들 사이의 소통에서도 스마트폰 앱이 중요한 역할을 하게 될 것입니다. 도서관이나 문화 센터 등 문화 시설 이용에도 스마트폰 앱이 활용되고, 주민들이 알아야 할 각종 안내도 스마트폰 앱을 통해 전달됩니다. 주민들의 의견 역시 스마트폰 앱으로 모여 지자체에 전달되겠고요. 주민등록증이나 운전면허증, 여권 등도 스마트폰에 저장해서 관리하게 되겠지요.

5

공학×융합

공대생은 한 가지만 공부할 수 없어

앞서 살펴본 다양한 분야는 모두 여러 가지 공학을 융합해 활용하고 있습니다. 미래의 자동차를 이야기할 때도 자동차는 여러 공학 분야가 한데 어우러진 결과물이라고 했지요. 다른 산업이라고 예외는 아닙니다. 빌딩을 지을 때도, 신도시를 계획할 때도, 전국적인 송배전망을 설계할 때도 다양한 분야가 한데 모여 머리를 맞대야 합니다. 흔히들 이를 공학의 융합이라고 합니다.

그런데 잘 살펴보면 모든 분야에서 꼭 고려해야 할 공학 분야가 있지요. 먼저 자동차를 만들 때와 발전기를 만들 때도 꼭 들어가는 분야가 기계공학입니다. 자동차의 근본은 누가 뭐래도 기계입니다. 모터와 차바퀴가 연결되고, 방향을 바꾸고, 속도를 조절해야 하니까요. 이 모든 것은 결국 기계공학이 됩니다. 언뜻 보면 상관없어 보이는 곳에도 기계공학은 은밀히 스며들어 있습니다. 가령 우리가 쓰는 물건 중 많은 수가 공장에서 만들어진 것들인데요. 청바지, 티셔츠, 캔버스화, 백팩, 자전거, 스마트폰, 컴퓨터 모두 공장에서 만들어집니다. 공장에서 이런 제품을 생산하려면 다양한 종류의 기계 없이는 불가능합니다. 일단 공장에서 상품을 만들기 위해서는 미리 앞서 상품에 알맞은 기계를 만드는 게 우선입니다. 그래서 공업에 속하는 모든 제품에는 기계공학이 필요합니다.

기계공학보다 뒤늦게 출발했지만 오늘날 기계공학만큼이나 많이 사용되는 것이 바로 전기전자공학입니다. 일단 전기를 쓰는 모든 제품에는 전기전자공학의 영향이 절대적이지요. 그리고 전기전자공학의 범위는 다른 분야로 더 넓어지고 있습니다. 최근 음식점에 가면 키오스크에서 주문하도록 하는 곳이 꽤 많아졌지요. 키오스크가 아닌 일반 계산대에서도 바코드 스캐너로 제품을 읽어 들이고, 신용카드나 여러 종류의 페이로 결제합니다. 우리가 온라인 구매를 하면 그 상품의 주문부터 출고, 배

송 그리고 마지막 도착까지도 모든 과정에 전기전자공학의 산물인 컴퓨터와 전자 제품들이 깊숙이 개입해 있습니다.

재료공학 또한 마찬가지입니다. 자전거 몸체는 원래 쇠로 만들어졌습니다. 지금은 같은 쇠라고 해도 스테인리스라는 강철을 쓰지요. 하지만 이렇게 철을 쓰면 자전거 자체가 너무 무거워지니 다른 소재를 사용하기 시작합니다. 철보다 가벼운 알루미늄을 사용하다가 그래도 만족할 수 없어 탄소 섬유를 사용합니다. 이렇게 더 가볍고 튼튼한 자전거를 만드는 과정에는 재료 공학자의 역할이 필수입니다.

우리가 입는 옷만 해도 다양한 소재가 사용되고, 립밤을 하나 바르더라도 뭐가 들어 있는지 살필 만큼 여러 성분이 들어갑니다. 백팩에도, 휴대폰 케이스에도, 운동화 밑창에도, 좌석 시트에도 모두 다양한 재료가 어우러져 우리에게 필요한 기능을 제공하고 있습니다. 이 모든 곳에는 재료공학의 영향력이 절대적이지요.

이렇듯 기계공학과 전기전자공학 그리고 재료공학은 전통적으로 거의 모든 분야에서 막강한 영향력을 발휘했고 앞으로도 그럴 것입니다. 그렇지만 21세기 들어 새롭게 떠오르는 공학 분야도 있습니다. 대표적인 것이 빅 데이터와 인공 지능입니다. 자율 주행 자동차에도, 스마트 그리드에도, 스마트 시티에도 어디에서든 앞으로는 인공 지능과의 결합이 필수입니다. 그 외에도 사물 인터넷, 환경공학, 에너지공학 등은 어떤 분야와 만나도 친해질 수 있는 융합 대상이지요.

• 알루미늄(위)과 합성 섬유(아래) •

온라인 주문을 도와주는
빅 데이터

    21세기에 새롭게 떠오르는 공학 분야를 살펴봅시다. 2~3년 전부터 온라인 쇼핑몰 배송이 더욱더 빨라졌습니다. 심지어 오늘 주문하면 내일 받아 볼 수 있게 되었죠. 더구나 요즘 인기 있는 새벽 배송을 보면 하루도 안 걸리는 것 같습니다. 아침 메뉴로 전어구이가 먹고 싶어서 오늘 저녁 8시쯤 주문을 넣으면 내일 아침 7시 이전에 남해에서 갓 잡은 신선한 전어가 도착하는 식이죠. 그런데 어떻게 이게 가능할까요?

    사실은 간단한 원리입니다. 이전에는 우리가 전어를 주문하면 쇼핑몰 사업자가 남해의 어부에게 전어를 주문했습니다. 그럼 남해의 어부가 전어를 잡아 쇼핑몰로 보내는 데 하루나 이틀이 걸리죠. 그리고 쇼핑몰 업체에서 다시 포장해서 우리에게 보내면 여기에 또 하루가 더해집니다. 그러니 최소한 이틀에서 보통은 사흘이 걸리곤 했습니다.

    하지만 이제는 방식이 바뀌었습니다. 나는 오늘 오후에 주문을 하지만 쇼핑몰에서는 일찍이 남해의 어부에게 "전어 천 마리

만 보내세요." 하고 어제 미리 주문을 넣은 거죠. 그럼 남해의 어부가 어제 전어를 잡아 아직 주문하기도 전인 엊저녁에 배송해서 오늘 오전에 쇼핑몰에 도착합니다. 쇼핑몰에선 이 전어를 구이나 회, 또 다른 탕거리 등으로 포장해서 오후가 되면 각 배송 거점으로 보냅니다. 그러다가 오후 10~11시 정도부터 배달을 시작합니다. 그러니 새벽같이 소비자에게 도착할 수 있지요.

그런데 이렇게 소비자가 주문하기도 전에 미리 상품을 준비해 놓으려면 꼭 필요한 것이 있습니다. 바로 얼마나 팔릴지를 예측하는 것이지요. 전어 같은 신선식품은 그날 물량을 팔지 못하면 모두 폐기 처분해야 합니다. 가령 천 마리를 준비했는데 소비자가 800마리밖에 주문하지 않으면 200마리가 버려지는 거지요. 그럼 쇼핑몰 입장에선 이만저만 손해가 아닙니다. 반대로 천 마리를 주문했는데 주문이 1,200마리나 들어오면 이번엔 팔 물건이 없지요. 이런 일이 반복될 땐 남으면 손해고 부족하면 소비자의 신뢰를 잃게 됩니다.

그래서 수요 예측이 무엇보다 중요합니다. 그럼 쇼핑몰에서 어떻게 수요 예측을 하는 걸까요? 바로 빅 데이터를 이용합니다. 이전까지 소비자들이 물건을 구매한 내역을 모아서 분석하지요. 요일별로 어느 요일에 주문이 많았는지 살펴보고, 또 날씨에 따라 달라지는지도 살핍니다. 한국과 일본 사이에 축구 경기가 있다든지, 야구 경기가 있다든지 하는 중요한 이벤트도 고려합니다. 계절별로도 살펴야겠지요. 휴가철인지, 더운 여름인지, 장마인지도 살피고요. 그리고 연령별 구매 내역도 체크하면서 이전과 소비자 연령대가 어떻게 달라졌는지도 확인합니다. 이게 다가 아닙니다. 같은 전어라도 구이로 많이 사는지 회로 많이 사는지 그 변동 상황과 지역별 구매 변화도 분석합니다.

이렇게 빅 데이터를 이용한 예측 기술은 지금도 활발히 사용되고 있습니다. 여러분도 넷플릭스나 유튜브, 스포티파이 같은 플랫폼을 이용하면서 그 플랫폼들이 추천하는 영상이나 음악을 재생한 적이 있을 겁니다. 이 또한 빅 데이터를 이용한 것이지요. 이 프로그램들은 내가 이전에 어떤 콘텐츠를 많이 접했는지 데이터를 가지고 있습니다. 이를 다른 사용자와 비교하고 여기에 연령과 성별 등을 고려해 나와 비슷한 취향을 가진 다른 사람들이 좋아했던 콘텐츠를 추천하는 겁니다.

검색할 때도 마찬가지입니다. 구글에 단어 하나를 넣고 검색해 보세요. 친구에게도 동일한 단어로 검색해 보라고 하고요. 같은 단어를 넣었는데도 서로 다른 검색 결과가 나온다는 사실을 알 수 있습니다. 친구와 내가 이전에 어떤 검색을 어떻게 했고, 검색 결과 중 어떤 항목을 주로 살폈는지를 통해 그에 맞는 결과를 보여 주는 것이지요.

그런데 이렇게 보니 빅 데이터가 우리 생활 전반을 감시하는 듯한 느낌을 지울 수 없습니다. 물론 그런 면이 없지 않지만 빅 데이터에는 긍정적인 면도 확실히 있습니다. 비염 치료를 예로 들어 볼까요? 최근에는 비염으로 병원에서 치료받는 사람이 흔

하지요. 의사들이 처방을 내릴 때 어떤 경우는 약을 처방하고, 어떤 경우는 수술을 권하기도 합니다. 약물도 다양하고 시술도 다양하지요. 이런 치료 자료들이 전국의 모든 병의원에 저장되어 있습니다. 이 자료들이 빅 데이터가 되는 거지요. 이를 비교해서 치료 결과를 종합적으로 분석하면 연령대, 성별, 증상에 따라 어떤 치료가 가장 효과적인지 파악할 수 있습니다.

하지만 이렇게 복잡한 자료를 처리하려면 사람의 능력만으로는 부족합니다. 기존의 데이터베이스 프로그램으로도 역부족인 경우가 많고요. 사회 전체의 정보화 수준이 높아질수록 쌓이는 데이터는 훨씬 많아지고 이를 처리하는 과정도 굉장히 복잡해지지요. 그래서 이를 보다 정확하고 빠르게 처리해서 결과를 도출할 수 있는 시스템이 필요해집니다. 바로 인공 지능이지요. 인공 지능은 갈수록 쌓이는 거대한 데이터를 학습하고, 학습한 만큼 더 정교하고 정확한 결과를 내놓는 컴퓨터 프로그램입니다.

2장에서 살펴본 자동차의 미래를 한번 생각해 볼까요? 자율 주행 자동차는 순간순간 엄청난 양의 데이터를 받아들여 처리하고, 어떤 행동을 할지 빠르게 판단해야 합니다. 자동차에 장착된 카메라와 라이다가 일차적인 정보를 수천 분의 1초마다 보고합니다. GPS와도 1초에 몇 번씩 위치 확인을 위해 정보를 주고받습니다. 이뿐만이 아니죠. 주변의 자동차와도 계속 내가 어떤 속도와 방향으로 진행할 건지 수시로 확인하고, 주변의 교통 정보 시스템이 주는 자료도 얻습니다. 그리고 이렇게 얻은 정보를 처리하는 데 주어진 시간도 많지 않습니다. 수천 분의 1초마다 판단하는 거지요. 이런 일을 수행할 수 있는 것은 인공 지능 컴퓨터뿐입니다. 즉, 자율 주행 자동차의 핵심 중 하나가 인공 지능인 셈이지요.

3장에서 살펴본 전기의 미래 또한 마찬가지입니다. 전국에서 스마트 그리드를 관장하는 본부에만 인공 지능이 필요한 게 아닙니다. 서울, 대구, 부산, 경상북도, 전라남도 등 지역마다 자체적으로 전력 수요와 공급을 조절하고 맞춰야 합니다. 더구나 태양광과 풍력은 시시각각 발전량이 변합니다. 이런 풍력과 태양광 설비는 아파트마다, 도로마다, 건물 지붕마다 흩어져 있습니다. 그리고 각각의 마이크로 그리드로 묶여져 있는데 이런 마이크로 그리드 자체도 흩어져 있지요. 각 마이크로 그리드마다 필요한 전력량도, 생산하는 전력량도 수시로 변합니다. 이를 체크하면서 전력의 배분을 초 단위로 처리해야 하지요. 결코 사람이 할 수 있는 일이 아닙니다. 이를 위해서도 인공 지능은 필수입니다.

스마트 시티도 마찬가지겠지요. 도시 전체의 도로를 모니터하고, 전기, 가스, 수도 등을 관리하는 건 인공 지능 없이는 상상할 수 없을 것입니다.

사물 인터넷을 가능하게 한 5G

2020년 대한민국은 전 세계에서 가장 먼저 이동 통신에서 5G를 상용화한 나라가 되었습니다. 대한민국뿐만이 아니라 전 세계가 5G로 이동 통신망을 새롭게 깔기 위해 전력을 다하고 있습니다. 그런데 좀 이상하지 않나요? 5G가 등장하기 전, 그러니까 2015년부터 2019년까지 휴대폰을 쓰면서 통신이 느려 불편을 겪었던 적이 있나요? 모바일 게임을 하거나 휴대폰으로 동영상을 볼 때 '혹시 배터리가 다 닳아 버리면 어쩌지?' '데이터 요금이 너무 많이 나오는 것 아닌가.' 하는 걱정을 할 뿐이지

전송 속도가 느린 건 아니었습니다(물론 데이터 요금을 다 쓰고 찔끔 찔끔 전송될 때야 속이 탔지만요). 그런데 더 빠른 5G가 나온다고 왜 모두가 떠들썩했던 걸까요?

5G는 사실 사람을 위한 것이 아니라 사물을 위한 것입니다. 5G를 소개하는 광고를 보면 온통 '초超'가 나옵니다. 초저지연, 초안정, 초고속, 초절전, 초연결까지⋯⋯. 도대체 무슨 의미일까요? 이를 잘 살펴보면 5G의 필요성을 알 수 있습니다. 자율 주행 자동차는 빠른 속도가 중요하다고 했지요. 앞차가 갑자기 설 때 충돌하기 전에 정지하기 위해서 빠르게 제동해야 합니다. 그런데 이런 빠른 반응 속도는 5G의 '초고속' 혹은 '초저지연'을 통해 이루어집니다. 즉, 정보를 주고받는 속도가 아주 빠른 거지요.

마찬가지로 '초연결'이란 용어는 사람만 연결하는 것이 아니라 각종 사물도 인터넷으로 연결하겠다는 뜻입니다. 가령 지금 집에서 인터넷에 연결된 걸 보면 휴대폰과 TV 그리고 컴퓨터뿐입니다. 하지만 앞으로는 전기나 수도 및 가스 계량기, 세탁기, 냉장고, 보일러 등 다양한 사물이 모두 인터넷으로 연결됩니다. 집 밖으로 나오면 도로, 전철, 가로등, 주차장도 인터넷으로 연

결되지요. 이렇게 각종 사물이 무선 통신망에 결합하면 휴대폰만 있을 때보다 수백 배, 수천 배 더 많은 기구가 연결됩니다. 이 어마어마한 정보를 모두 처리하려면 통신망의 용량도 어마어마해야 하지요. 5G는 이런 지점까지 해결하는 통신망을 뜻합니다.

그런데 이렇게 많은 사물이 무선 통신과 연결되어 각자 자신의 정보를 제공하고 받으려면, 그 자체만으로도 엄청난 전기 에너지를 소모합니다. 그래서 무선 통신 자체에서 소모되는 전기 에너지를 최소화할 필요가 있지요. 이를 '초절전'이라고 합니다.

우리는 휴대폰을 쓰는데 인터넷 연결이 되지 않으면 속 터지는 경험을 하곤 하지요. 그런데 자율 주행 자동차가 인터넷에 연결되어 달리고 있는데 갑자기 연결이 끊어진다면요? 짜증이 나는 정도가 아니라 심각한 위기 상황이 될 수 있습니다. 그래서 지금보다 무선 통신망이 훨씬 더 안정적으로 연결되어야 하지요. 이를 '초안정'이라고 부릅니다.

결국 지금의 5G는 사람만의 연결이 아닌 사물 간 연결을 위한 것입니다. 이를 사물 인터넷이라고 하지요. 그리고 사물 인터넷은 앞으로 모든 산업 분야에서 기반이 될 겁니다. 자율 주행 전기차도 그렇습니다. 전기 자동차 내부의 배터리와 인버터, 모터, 타이어 등에는 위치와 온도를 확인하는 센서가 부착되어 자동차의 인공 지능에게 상태를 계속 보고할 것이고, 인공 지능 역시 주변 차와 스마트 도로, GPS 등과 끊임없이 통신하겠지요.

스마트 그리드는 그 자체가 센서들의 거대한 연결망이기도 합니다. 각 가정마다 스마트 계량기가 보급되어 시시각각 전력 소모율을 체크하고 보고합니다. 태양광 패널과 풍력 발전기가 설치된 곳마다 발전량을 보고하고 전선에도 곳곳에 센서가 부착되어 만약의 사고에 대비하지요.

스마트 시티 역시 마찬가지입니다. 지하에 매설된 상하수도, 전선, 가스관 등에는 거미줄처럼 센서가 붙어 있어 지속적으로 상황을 보고합니다. 강에도 다양한 센서가 곳곳에 자리 잡아 수위와 수중 산소 농도, 유해 물질 농도 등을 파악해서 보고합니다. 빌딩에도, 주차장에도, 독거노인 거주지에도 곳곳에 센서가 설치되고 정보를 주고받습니다.

사물 인터넷은 이제 가전제품 하나를 개발할 때도, 도로를 설치하고 다리를 놓을 때도, 전선을 연결하고 새로운 건물을 지을 때도 항상 기본으로 염두에 두어야 하는 요소가 되었지요.

센서들 또한 다양해집니다. 휴대폰만 예로 들어도 위치를 파악하는 GPS 수신기가 있고, 흔들림을 감지하는 자이로스코프가 있습니다. 또 지문이나 동맥, 얼굴을 파악하는 센서도 있지요. 스마트 밴드에는 맥박을 재고, 혈당량을 체크하며, 혈중 산소 농도를 파악하고, 체지방량을 측정하는 센서가 달려 있습니다.

가정과 도로, 빌딩에서는 기온과 습도, 대기 중 산소와 오존, 이산화탄소, 메탄가스 등의 농도를 측정합니다. 미세 먼지와 초미세 먼지 그리고 다양한 오염 물질의 농도도 파악하지요. 지진에 대비하기 위해 흔들림을 감지하는 센서도 부착되고, 입구에는 CCTV가 설치됩니다. 자외선 센서와 적외선 센서도 있고요.

앞으로 인간의 후각처럼 냄새를 맡는 센서나 미각처럼 맛을 느끼는 센서도 개발될 것이고, 이미 개발된 센서들도 부피와 전력 소모가 점점 더 작아지고 적은 양도 더 민감하게 개량하는 방향으로 연구가 이어질 것입니다.

메타버스와 달라!
디지털 트윈

앞서 스마트 시티를 건설하는 예를 들면서 '디지털 트윈'에 대해 이야기했습니다. 디지털 트윈은 가상 공간에 실물과 똑같은 물체를 만들어 다양한 시뮬레이션을 통해 검증해 보는 기술을 뜻합니다.

어떤 사람들은 메타버스를 디지털 트윈이라고도 하지만 사실 조금 다른 개념입니다. 둘 다 가상 세계에 현실을 구현하는 것은 같지만, 디지털 트윈은 여러 센서를 통해 현실 세계의 다양한 변화가 실시간으로 가상 세계에 반영된다는 특징을 가지고 있어요. 즉, 현실이 변하면 가상 세계도 그에 맞춰 빠르게 변합니다. 그래야 가상 세계에서의 시뮬레이션이 현실에 반영되었을 때 정확성이 높아지니까요. 마치 우리가 실제 시험과 비슷한 상황을 만들어 모의시험을 치르는 것과 같습니다.

스마트 시티에 대한 디지털 트윈은 이미 싱가포르에서 시작되었습니다. 2018년에 버추얼Virtual 싱가포르라는 가상 공간의 도시가 완공됐습니다. 이 가상 공간의 싱가포르는 도로, 빌딩, 아파트, 테마파크는 물론 가로수, 육교, 벤치까지 갖추어져 있습니다. 도시를 정말 그대로 옮겨 놓은 것이지요.

싱가포르에서는 이 버추얼 싱가포르를 도시 계획에 이용합니다. 건물을 배치할 때 주변 건물에 의해 생기는 그림자가 어떻게 변하는지를 미리 적용해 보고, 건물 사이의 바람이 어떻게 부는지도 살펴보지요. 일조권 침해는 우리나라에서도 문제가 되곤 하는데요. 버추얼 싱가포르를 통해 실제로 건물을 지을 때 생길 수 있는 각종 문제를 미리 확인할 수 있습니다. 건물 옥상에 태양광 패널을 설치할 때는 어디에 어떤 방향으로 향하는 것이 좋은지도 미리 점검합니다. 또 새로운 건물을 지을 때 빌딩의 규모에 따라 주변 교통량이 얼마나 증가하는지, 이를 처리하려면 도로 확장이나 다른 대책은 어떻게 세워야 하는지도 살펴 보지요.

여러 돌발 상황에 대한 대처도 디지털 트윈을 통해 확인할 수 있습니다. 가령 도로의 어느 지점에서 유독 가스를 운반하던 차량에 사고가 발생해서 가스가 공기 중에 누출되면, 이 가스가 퍼지는 범위를 미리 파악하고 이를 통해 주변에 있는 사람들이 어느 쪽으로 대피해야 하는지, 사고를 처리하기 위해 구급차는 어떤 경로를 통해 사고 지점으로 이동해야 하는지 등을 알 수 있습니다.

2021년 우리나라에서도 서울시가 서울 전체를 3D로 동일하게 복제한 쌍둥이 도시 'S-Map'을 만들었습니다. 물론 아직 갈 길이 멀지만 서울을 시작으로 대도시들을 하나둘 디지털로 구현하고, 미래에는 대한민국 전체를 디지털 트윈으로 구현할 수 있을 거예요.

그런데 이 디지털 트윈은 스마트 시티만을 위한 것이 아닙니다. 빌딩 하나에도, 공장의 생산 라인에도 디지털 트윈을 적용할 수 있습니다. 자율 주행 자동차를 위한 인공 지능 학습 과정에도 마찬가지이고요.

　공장에서는 노동자들의 동선에 따라 생산 라인을 어떻게 갖추는 것이 더 적합한지 늘 고민합니다. 재료를 이동하는 과정에서 발생할 수 있는 문제도 예측해야 하지요. 이미 지어진 공장이라고 해도 신제품을 생산하기 위해 생산 라인을 수정할 필요가 생기면, 디지털 트윈에서 미리 시뮬레이션을 하면서 예상되는 문제를 점검할 수 있습니다. 반대로 실제 공장에서 일어나는 각종 현상을 알아내는 것도 가능합니다. 센서를 통해 파악한 내용이 가상 공간의 공장으로 보내지면 현재의 생산 라인과 더욱더 가깝게 되지요. 그리고 이 과정에서 이미 설치한 공장임에도 개선할 요소가 무엇인지 자세히 알아낼 수 있습니다.

전국에 깔려 있는 전선과 상하수도 등 각종 시설 역시 디지털 트윈으로 구현할 수 있습니다. 실제 시설에는 센서들이 부착되어 현재 상황을 실시간으로 전송하지요. 이렇게 되면 문제가 발생할 때 빠른 대처는 물론, 문제가 생기기 전에 어떤 부분에서 고장 날 확률이 높은지 가상 공간에서 미리 확인하고 예방할 수 있습니다.

환경과 에너지에
필요한 분야는 무엇일까?

이제는 어떤 제품, 어떤 서비스를 내놓든지 환경에 미치는 영향을 고려하지 않을 수 없는 시대입니다. 환경에 미치는 영향이 가능한 한 조금이라도 덜한 제품과 서비스를 만드는 것이 중요하지요.

가장 중요한 것은 소재입니다. 요즘 많은 제품이 친환경 소재를 사용하고 있는데요. 이 점을 홍보해 친환경 기업이라는 이미지를 적극적으로 내세우고 있습니다. 플라스틱 대신 재활용 종이를 포장재나 완충재로 사용하는 것이 대표적입니다. 그런데 이렇게 좋은 취지의 재활용지가 만약 비에 젖기라도 한다면 포장이 흐트러지고 문제가 되겠지요. 이를 해결하기 위해 종이에 어떤 가공을 해야 하는지 고민하는 것도 소재공학과 구조공학에서 해야 할 일입니다.

새로운 소재를 개발하는 과정에서도 환경에 대한 고려는 중요합니다. 중금속이나 유해 물질이 들어가지 않도록 제품을 개발해야 하지요. 대표적인 것이 태양광 패널입니다. 처음 개발된 태양광 패널에는 카드뮴 등의 중금속이 포함되어 있었는데 이것이 문제가 되어 새로운 소재를 사용하게 되었습니다. 현재 우리나라에는 카드뮴이 들어간 태양광 패널은 제작도, 유통도, 수입도 금지하고 있지요.

페인트의 경우도 기존에는 몸에 해로운 중금속이 많이 들어갔는데 새로 개발되는 제품들은 중금속을 줄이는 대신 인체에 해롭지 않은 성분을 담기 위해 노력하고 있습니다.

또 광범위하게 사용되고 있는 플라스틱 제품의 대체재를 개발하는 것도 환경에서 중요한 문제입니다. 흔히 플라스틱이라면 다 같다고 생각하지만 실제 플라스틱은 종류가 많습니다. 시장에서 과일이나 채소를 담는 검은 비닐봉지는 사실 비닐이 아닌 폴리에틸렌으로 만들지요. 실제 비닐이 들어가는 건 흔히 PVC(폴리염화비닐)관이라고 부르는 플라스틱 수도관이 가장 많이 사용됩니다. 그리고 큰 음료수병으로 주로 쓰이는 PET가 있고, 스타킹의 재료인 나일론도 있습니다. 그 외에도 폴리프로필렌, 폴리스타이렌, 폴리에스터, 폴리우레탄, 폴리카보네이트, 폴리염화비닐리덴 등이 있지요.

• 생분해성 플라스틱 •

문제는 이들 대부분이 자연 상태에서 분해되려면 굉장히 많은 시간이 걸린다는 겁니다. 매립을 하면 안 되는 이유지요. 그렇다고 소각을 할 수도 없습니다. 유해 물질과 이산화탄소가 많이 나와서 문제가 되기 때문입니다. 재활용해도 한두 번밖에 더 사용할 수밖에 없고 지속적이지 않습니다. 그러니 플라스틱 자체가 커다란 문제가 될 수밖에 없습니다.

결국 플라스틱을 대체할 새로운 물질이 필요합니다. 이 새로운 물질의 조건은 자연 상태에서 분해가 쉽고, 분해 과정에서 오염 물질이 나오지 않아야 합니다. 여기에 플라스틱의 장점도 그대로 가지고 있어야 하고, 가격도 너무 비싸지 않아야 합니다. 이런 조건을 갖춘 물질을 생분해성 플라스틱이라고 합니다. 그러나 조건이 까다로워 아직 상용화되거나 제품화된 상품은 별로 없습니다. 그럼에도 플라스틱 공해 문제가 워낙 심각하다 보니 전 세계적으로 많은 나라에서 생분해성 플라스틱 연구가 활발하게 이루어지고 있습니다.

앞서 잠깐 이야기한 것처럼 우리나라의 전기 소비량은 매년 3~5퍼센트씩 증가하고 있습니다. 게다가 전기차가 본격적으로 도입될 예정입니다. 가정에서도 가스레인지 대신 인덕션을 설치하고 있고, 가스보일러 대신 점점 더 전기보일러를 사용하게 될 겁니다. 도시가스를 사용하는 것보다 전기를 사용하는 것이 이산화탄소 발생량을 줄이는 길이니까요. 전기 사용량은 앞으로 훨씬 빠르게 늘어날 수밖에 없습니다.

이래서는 태양광 발전과 풍력 발전을 아무리 늘려도 기존 화력 발전을 중단하기 쉽지 않습니다. 그래서 재생 에너지 사용과 함께 앞으로 전력 소모량을 줄이는 것 또한 환경을 위한 공학의 중요한 역할이 될 수밖에 없습니다. 물론 우리 개개인도 전기를 절약하는 습관을 들이도록 노력하고 있지만 그것만으로는 부족하니까요.

그래서 앞으로 각종 전기전자 제품을 만들 때 가장 중요한 요소 중 하나가 '어떻게 전기를 덜 쓰고 작동할 수 있을까?' 하는 문제가 됩니다. 건물도 예외가 아닙니다. 건물을 지을 때 이전보다 에너지를 덜 쓰고 냉난방을 할 수 있도록 건축 기법이 달라질 수밖에 없겠지요.

공장에서 물건을 생산할 때도 생산 과정에서 소모되는 에너지를 어떻게 줄일 수 있을지 이전보다 더 치밀하게 연구하게 됩니다. 물론 도시 전체가 에너지 소비를 줄이는 방향으로 여러 정책이 마련되고, 이에 맞는 도시 시설이 들어서게 되겠지요.

 에필로그

아직도 과학과 공학이
헷갈린다고?

요즘 청소년들에게 장래 희망을 물어보면 옛날만큼은 아니지만 그래도 과학자가 되고 싶다는 대답이 꽤 나옵니다. 여러분도 과학자가 되고 싶나요? 그럼 다음 질문을 하지요. 과학자가 되면 무슨 연구를 하고 싶나요?

"과학자가 되어서 인공 지능을 연구하고 싶어요.""인간에게 도움을 주는 로봇을 만들고 싶어요.""멋진 프로그램을 개발하고 싶어요.""우주로 날아가는 로켓을 만들겠어요.""나노 로봇을 만들어서 불치병을 치료하고 싶어요."

모두 멋진 꿈이죠! 그런데 이 책을 다 읽은 지금, 위와 같은 일을 하는 사람들은 사실 과학자가 아니라 공학자라는 것을 알았겠지요? 현대에는 과학과 공학의 경계가 무너져서 언뜻 과학처럼 보이는 공학도 많고, 공학처럼 보이는 과학도 많은 게 사실입니다.

그래도 굳이 나누자면 이렇게 정리할 수 있을 듯해요. 과학이 눈에 보이는 현상 뒷면에 존재하는 진리를 탐구하는 학문이라면, 공학은 과학에 기초해서 실제 세상에 이롭게 쓰일 수 있는 물건이나 프로그램, 서비스를 설계하고 만드는 학문이라고 볼 수 있지요.

과학자가 되어 아직 풀지 못한 자연의 신비를 캐는 것도 멋진 일입니다. 암흑 물질이나 암흑 에너지처럼 아직 인류가 알지 못하는 미지의 영역에 한 발자국 더 다가서는 것도 의미 있는 일이지요. 그만큼이나 값진 일이 또 공학자의 길이라고 생각합니다. 인류가 살아가면서 겪는 여러 가지 복잡한, 때론 고통스럽고 힘든 문제들을 공학적으로 풀어내는 모습, 정말 멋지지 않나요?

마지막으로 공학의 미래가 궁금하고 그 길을 가고 싶은 독자들에게 말해 주고 싶은데요. 여러분 중 절반 이상은 이과로 진학해서 대학에 입학할 것이고, 또 이과를 선택한 사람 중 70퍼센트 이상은 과학이 아닌 공학을 배우는 공대로 진학하게 될 것입니다. 또 과학을 배우는 물리학과, 화학과 생물학과 등으로 진학하더라도 그중 60퍼센트 이상은 공학과 관련된 곳에 취업하게 되지요. 어느 곳에서든 공학과 만날 것입니다.

공학자일 뿐인데 어떻게 우리 미래에 대해 그리 잘 아냐고요? 미래는 과학이 사회와 만나는 접점에서 만들어집니다. 그곳이 바로 공학이 있는 곳이죠. 물리학과 화학, 생물학이 공학에 접목되면 환상적인 일이 일어납니다. 한 번 충전하면 일주일을 쓸 수 있는 휴대폰, 이산화탄소가 전혀 나오지 않는 공장, 보일러를 켜지 않아도 따뜻한 실내, 가만히 앉아 있으면 알아서 목적지까지 가는 자동차, 이 모든 모습이 공학이 만들 미래지요.

여러분이 소프트웨어공학자가 되어 인공 지능을 연구하고, 로켓공학자가 되어 우주선을 설계하고, 로봇공학자가 되어 인간과 닮은 휴머노이드 로봇을 만들면서 열어 나갈 멋진 미래를 기대합니다.

참고 자료

공학

『10대에게 권하는 공학』	한화택 지음,	글담출판
『1페이지 공학』	조엘 레비 지음, 이경주 옮김,	영진닷컴
『2035 미래기술 미래사회』	이인식 지음,	김영사
『4차 산업혁명 기반 기술의 이해』	김미혜 외 지음,	연두에디션
『공대생도 잘 모르는 재미있는 공학 이야기』	한화택 지음,	플루토
『공대생을 따라잡는 자신만만 공학 이야기』	한화택 지음,	플루토
『공대생이 아니어도 쓸데있는 공학 이야기』	한화택 지음,	플루토
『공학과 경영』	김상균 지음,	한빛아카데미
『공학도라면 반드시 알아야 할 최소한의 과학』	John Bird 지음, 권기영 옮김,	한빛아카데미
『공학윤리』	charles E. Harris 지음, 김유신 외 옮김,	북스힐
『공학으로 세상을 말한다』	한화택 지음,	한승
『공학을 생각한다』	헨리 페트로스키 지음,	박중서 옮김, 반니
『공학의 눈으로 미래를 설계하라』	연세대학교 공과대학 지음,	해냄
『공학이란 무엇인가』	성풍현 지음,	살림
『공학이 필요한 시간』	이인식 지음,	다산사이언스
『공학입문』	조지 로저스 외 지음, 배원병 옮김,	북스힐
『공학자의 세상 보는 눈』	유만선 지음,	시공사
『공학하는 여자들』	손소영 외 지음,	메디치미디어
『공학 학교에서 배운 101가지』	존 쿠프레나스 외 지음, 김소진 옮김,	글램북스
『국가대표 공학도에게 진로를 묻다』	YEHS 지음,	글램북스
『기술의 대융합』	박길성 외 지음,	고즈원
『너무 무서워서 잠 못 드는 공학 이야기』	션 코널리 지음, 하연희 옮김,	생각의길
『대학생을 위한 공학윤리』	김문정 지음,	아카넷
『도시와 교통』	정병두 지음,	크레파스북
『미래과학교과서 1 눈앞의 별천지, 유비쿼터스 세상』	하원규 외 지음,	김영사
『미래과학교과서 2 미래 자동차』	현영석 지음,	김영사

『미래과학교과서 3 생명공학』	박태현 지음,	김영사
『세상을 바꾼 기술, 기술을 만든 사회』	김명진 지음,	궁리
『스마트 세상을 여는 산업공학』	대한산업공학회 지음,	청문각
『시민을 위한 테크놀로지 가이드』	이영준 외 지음,	반비
『우리는 미래에 살고 있다』	서울대학교 공과대학 지음,	창비교육
『적정기술의 이해』	신관우 지음,	7분의언덕
『젊은 공학도에게 전하는 50가지 이야기』	혼마 히데오 지음, 김정환 옮김,	다산사이언스
『최고의 엔지니어는 어떻게 성장하는가』	다쿠미 슈사쿠 지음, 김윤정 옮김,	다산사이언스

전기 자동차

『슈퍼배터리와 전기 자동차 이야기』	세트 플레처 지음, 한원철 옮김,	성안당
『전기 자동차 속이 보인다』	GB기획센터 지음,	골든벨
『자동차 공학 개론』	이치우 외 지음,	오토테크
『전기 자동차 혁명』	무라사와 요시히사 지음, 이성욱 옮김,	북스힐
〈과학동아 2021년 8월호: 전기차에 날개 달 미래 기술 5〉,	과학동아 편집부 지음,	동아사이언스

자율 주행 자동차

『2021 자율주행 자동차 인공 지능 보고서』	비피기술거래 지음,	비피기술거래
『넥스트 모바일 : 자율주행 혁명』	호드 립슨 외 지음, 박세연 옮김,	더퀘스트
『자율주행』	안드레아스 헤르만 외 지음, 장용원 옮김,	한빛비즈
『자율주행 자동차의 핵심기술』	테헤란씨씨 편집부 지음,	테헤란씨씨
『자율주행차량 기술 입문』	행키 샤프리 지음, 김은으 옮김,	에이콘출판

스마트 시티

『스마트시티』	이상호 외 지음,	커뮤니케이션스북스
『스마트시티 개발』	Shinji Yamamura 지음, 안세윤 외 옮김,	패러다임
『스마트시티의 정책 이슈』	김동욱 외 지음,	윤성사
『스마트시티, 더 나은 도시를 만들다』	앤서니 타운센드 지음, 도시이론연구모임 옮김,	MID
『한눈에 읽는 스마트시티』	이근형 외 지음,	지식공감
〈사이언티픽 아메리칸: 미래의 도시〉,	사이언티픽 아메리칸 편집부 지음, 김일선 옮김,	한림출판사

스마트 빌딩

『스마트그린빌딩 자동화 시스템』　　　　　홍원표 지음,　　　　　　　　　　　　　　　현우사
『스마트 빌딩: 건축환경 기술과 디자인』　　론 바커 지음, 이경희 외 옮김,　　　　한국환경건축연구원
『스마트 빌딩 시스템』　　　　　　　　　　James Sinopoli 지음, 강태욱 옮김,　　　　　　씨아이알

스마트 그리드

『그리드』　　　　　　　　　　　　　　　　그레천 바크 지음, 김선교 외 옮김,　　　　　　동아시아
『스마트 그리드』　　　　　　　　　　　　이경섭 외 지음,　　　　　　　　　　　　　동일출판사
『스마트 그리드와 사물인터넷 빅 데이터의 이해』　비피기술거래 지음,　　　　　　　　비피기술거래
『스마트 그리드 이론 및 실험』　　　　　　명호산 외 지음,　　　　　　　　　　　　　　문운당
『스마트 그리드와 분산에너지원의 이해』　박진상 외 지음,　　　　　　　　　　　　예경미디어
『스마트 그리드 개론』　　　　　　　　　　김종욱 지음,　　　　　　　　　　　홍릉과학출판사
『전력, 왜 지능망인가』　　　　　　　　　　정찬수 지음,　　　　　　　　　　　　　　퍼스트북

재생 에너지

『신재생에너지』　　　　　　　　　　　　　윤천석 외 지음,　　　　　　　　　　　인피니티북스
『신재생에너지』　　　　　　　　　　　　　손재익 외 지음,　　　　　　　　　　　　　김영사
『처음 만나는 신재생에너지』　　　　　　　김지홍 지음,　　　　　　　　　　　　한빛아카데미
『태양광, 풍력발전과 계통연계기술』　　　카이 타카아키 외 지음, 송승호 옮김,　　　　　성안당
『해상풍력발전』　　　　　　　　　　　　　손충렬 외 지음,　　　　　　　　　　　　　　아진
『풍력발전 기술자료와 신재생에너지의 사례집』　김석권 지음,　　　　　　　　　　　　　신기술
〈뉴턴 하이라이트 116: 태양광 발전〉　　　뉴턴 편집부 지음,　　　　　　　　　　　아이뉴턴

인공 지능

『십 대가 알아야 할 인공 지능과 4차 산업혁명의 미래』　전승민 지음,　　　　　　　　　　팜파스
『처음 만나는 인공 지능』　　　　　　　　　김대수 지음,　　　　　　　　　　　　생능출판사
『인공 지능 원론』　　　　　　　　　　　　고학수 외 지음,　　　　　　　　　　　　　박영사
『이것이 인공 지능이다』　　　　　　　　　김명락 지음,　　　　　　　　　　　　슬로미디어
『인공 지능과 딥러닝』　　　　　　　　　　마쓰오 유타카 지음, 박기원 옮김,　　　　　동아엠앤비

| 〈스켑틱 2015 가을호: 인공 지능과 인류의 미래〉, | 스켑틱 협회 편집부 지음, | 바다출판사 |

사물 인터넷

『사물인터넷 개론』,	남상엽 외 지음,	상학당
『사물인터넷』,	김학용 지음,	홍릉과학출판사
『사물인터넷이 바꾸는 세상』,	새뮤얼 그린가드 지음, 최은창 옮김,	한울
『초연결시대, 공유경제와 사물인터넷의 미래』,	차두원 외 지음,	한즈미디어
『싱가포르, 3D 가상현실로 스마트 국가 건설』,		KBS, 2019. 4. 6.

환경

『교과서 토론 : 환경』,	김순미 외 지음,	이화북스
『인간과 환경』,	김광렬 지음,	화수목
『환경공학개론』,	전나훈 지음,	에듀피디
『환경윤리』,	조제프 R. 데자르댕 지음, 김명식 외 옮김,	연암서가

서울시립대학교 융합전공학부   https://www.uos.ac.kr/clacds/main.do

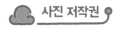

사진 저작권